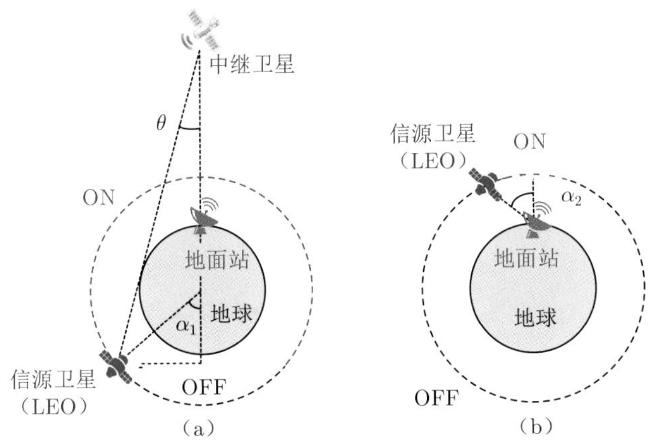

图 2.3　ON/OFF 链路状态模型

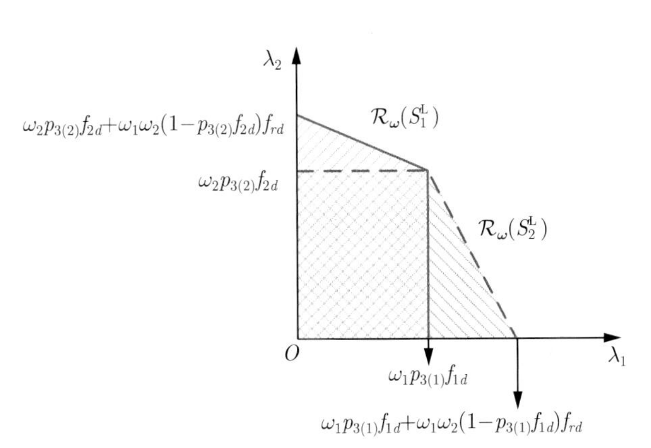

图 2.6　ω 给定条件下 S^{L} 系统稳定域 $\mathcal{R}_\omega\left(S_1^{\mathrm{L}}\right) \cup \mathcal{R}_\omega\left(S_2^{\mathrm{L}}\right)$

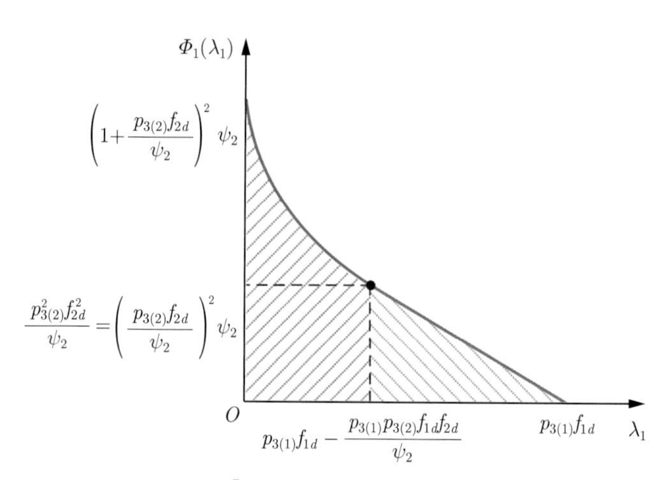

图 2.7　S^L 系统稳定域中 $\boldsymbol{\Phi_1(\lambda_1)}$ 范围

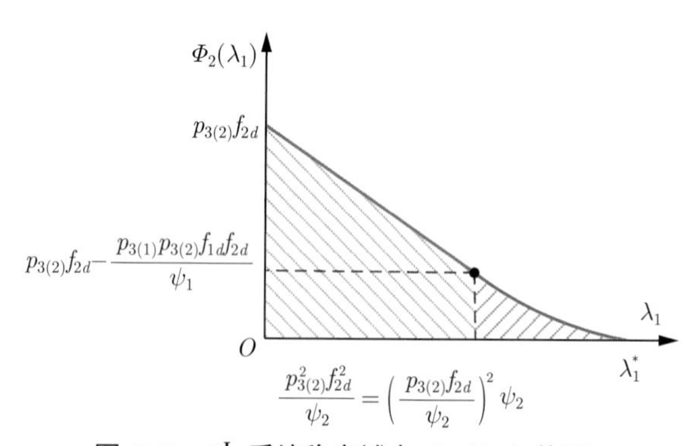

图 2.8　S^{L} 系统稳定域中 $\boldsymbol{\Phi_2(\lambda_1)}$ 范围

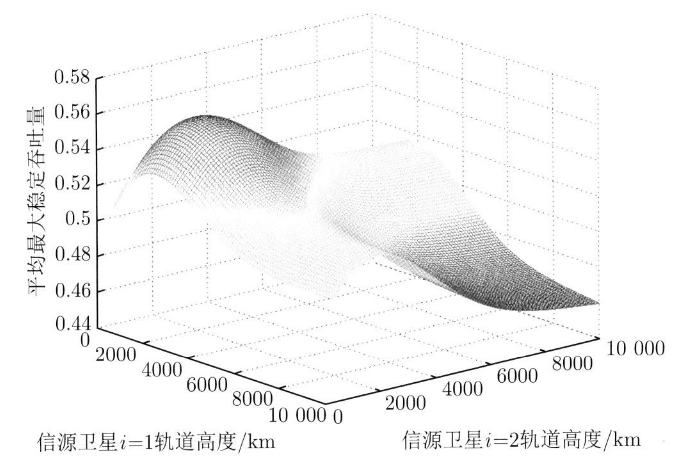

图 2.11 S^{G} 系统最大稳定吞吐量随两颗 LEO 信源卫星轨道高度变化

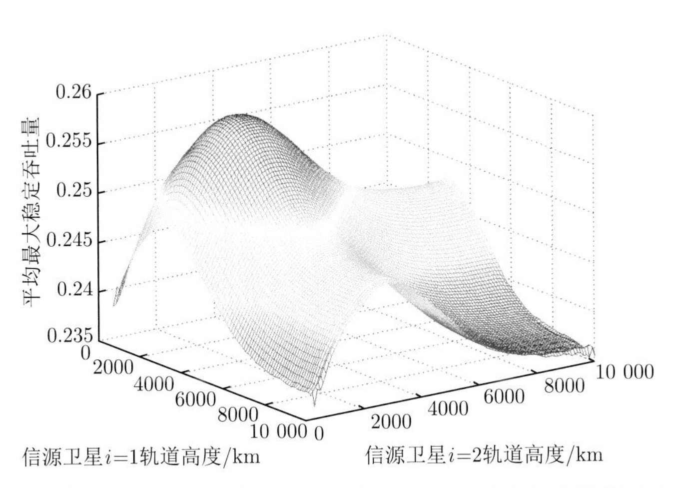

图 2.12 S^{L} 系统平均最大稳定吞吐量随两颗 LEO 信源卫星轨道高度变化

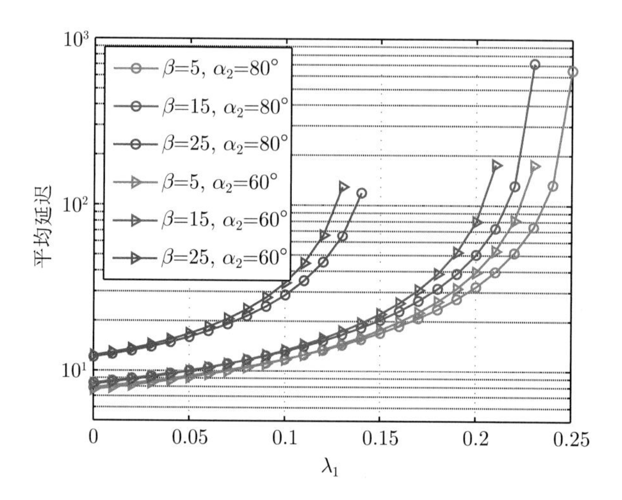

图 2.13　S^{L} 系统平均队列等待延迟随 λ_1、β 和 α_2 的变化

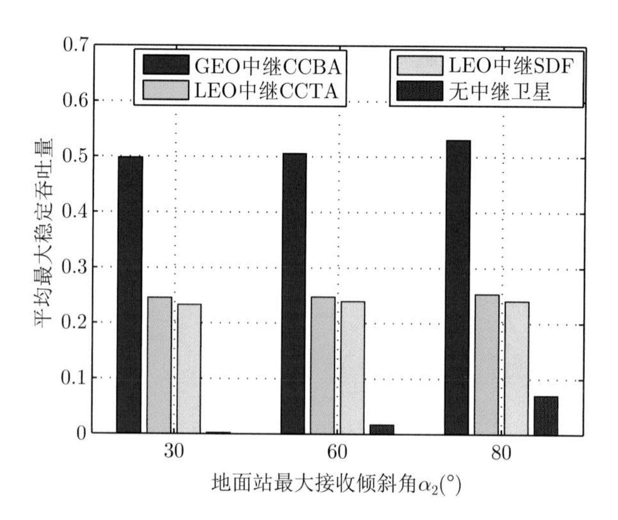

图 2.15　不同 α_2 下系统平均最大稳定吞吐量对比仿真（$\beta = 10$ dB）

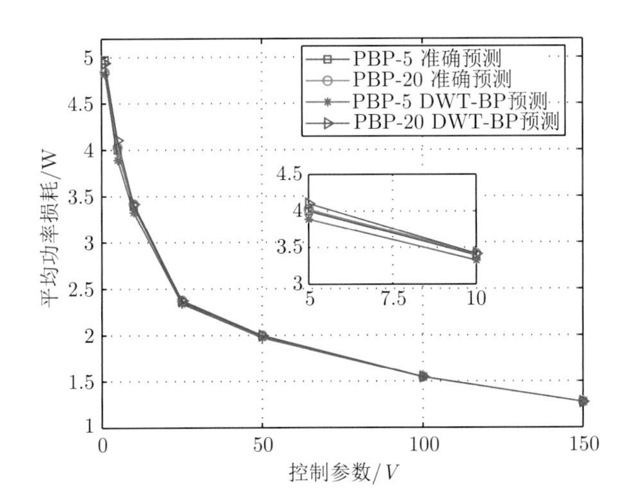

图 3.9 平均功率损耗随控制参数 V 及预测窗口长度 D_i 的变化

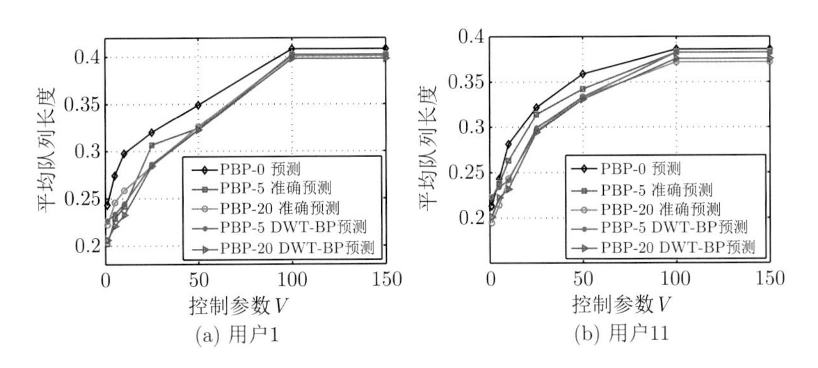

图 3.10 卫星平均队列长度随控制参数 V 及预测窗口长度 D_i 的变化

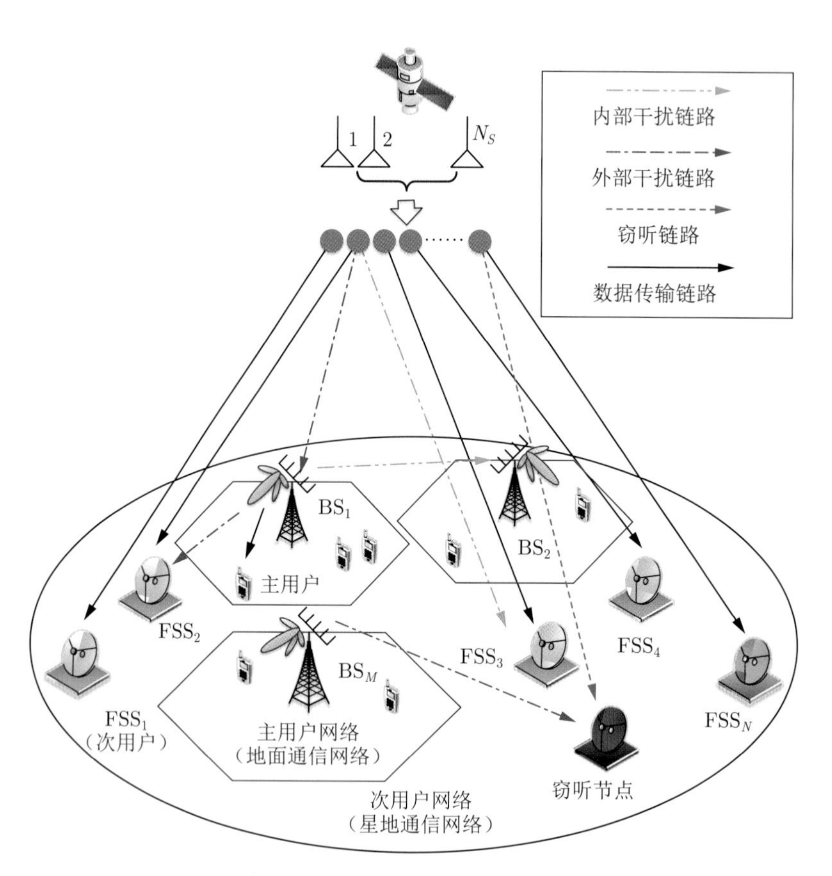

图 4.1 星地 – 地面混合通信网络干扰与窃听系统模型

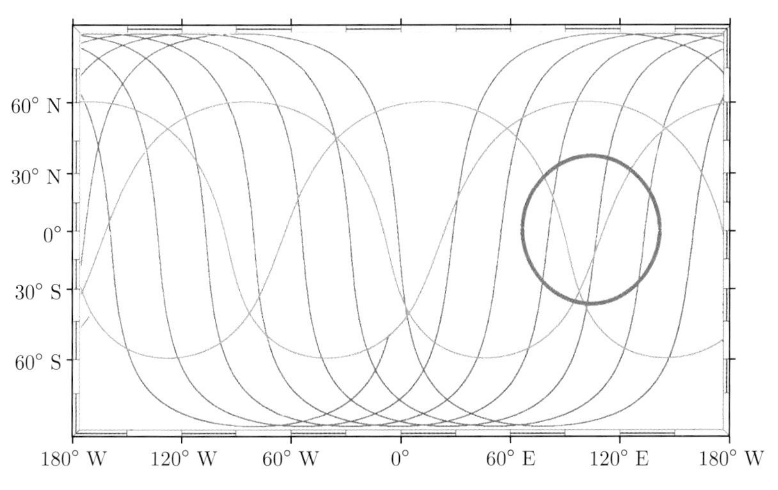

图 5.1　空间信息网络高动态拓扑

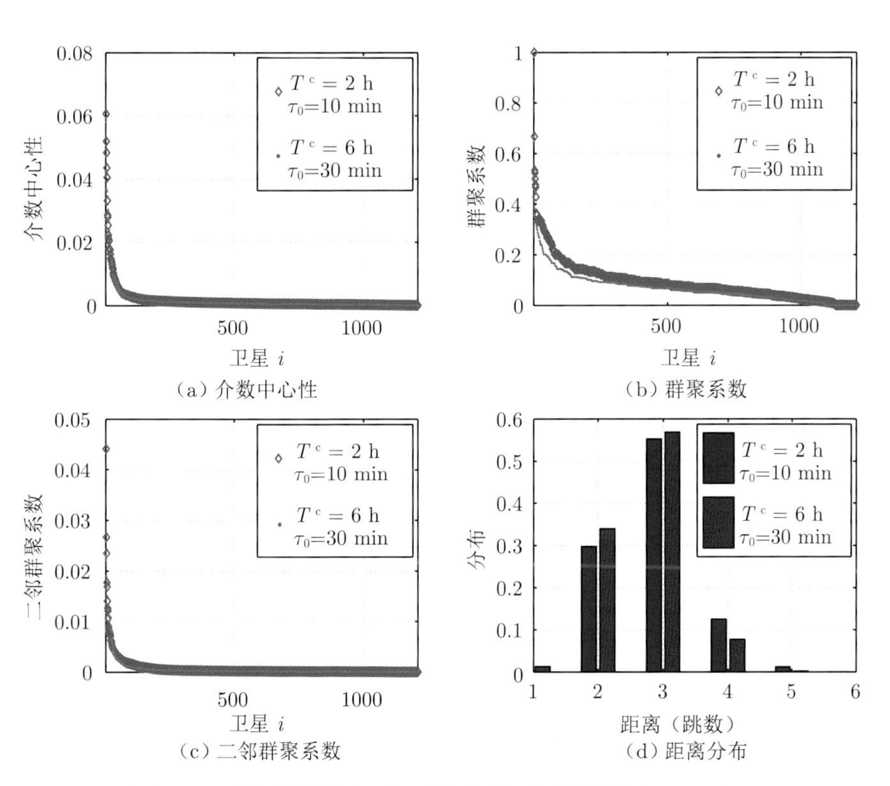

图 5.4　空间信息网络 C-TVG 复杂性分析（$M^c = 12$）

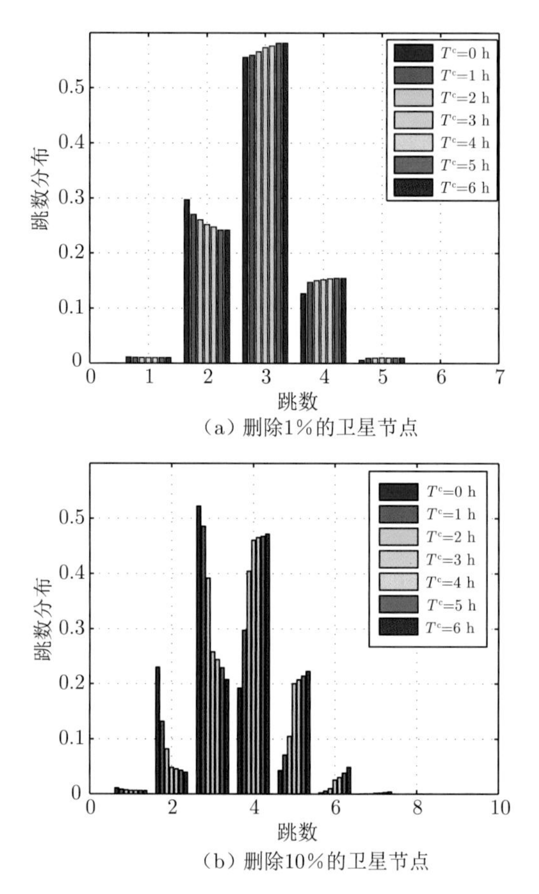

（a）删除1%的卫星节点

（b）删除10%的卫星节点

图 5.6　基于介数删除卫星节点后 C-TVG 中可达卫星节点的平均跳数分布

清华大学优秀博士学位论文丛书

空间信息网络资源动态配置理论与方法

杜军（Du Jun）著

Cooperative Resource Allocation for Space-based Information Networks

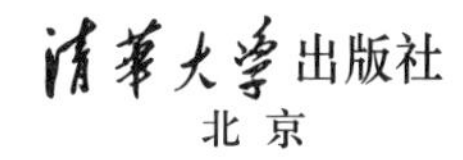

北京

内 容 简 介

本书围绕空间信息网络“全球覆盖、随遇接入、按需服务、安全可信”的需求目标，探讨了空间信息网络资源配置中协作传输能力增强、业务随需适应、安全传输与干扰控制，以及高动态建模与复杂性分析等主要问题，设计了基于认知的中继卫星协作传输机制，提出了基于多源业务特性预测的地面传输与服务资源动态分配方法，以及基于地面基站协作的波束成形与人工噪声信号设计方法，实现了空间信息网络中信息的有效获取、高效传输和可靠处理。最后，通过建立时间累积时变图C-TVG模型，解决了高动态空间信息网络多时间尺度的拓扑刻画难题，实现了网络复杂特征的提取和分析。

本书可供通信与网络、计算机等专业的高校师生学习使用，也可供信息相关领域的研究人员和技术人员阅读参考。

图书在版编目（CIP）数据

空间信息网络资源动态配置理论与方法 / 杜军著.—北京：清华大学出版社，2022.8
（清华大学优秀博士学位论文丛书）
ISBN 978-7-302-60726-7

Ⅰ. ①空… Ⅱ. ①杜… Ⅲ. ①卫星通信系统-资源分配-研究 Ⅳ. ①TN927

中国版本图书馆 CIP 数据核字（2022）第 072983 号

责任编辑： 黎 强 王 倩
封面设计： 傅瑞学
责任校对： 王淑云
责任印制： 丛怀宇

出版发行： 清华大学出版社
网 址： http://www.tup.com.cn，http://www.wqbook.com
地 址： 北京清华大学学研大厦 A 座 **邮 编：** 100084
社 总 机： 010-83470000 **邮 购：** 010-62786544
投稿与读者服务： 010-62776969，c-service@tup.tsinghua.edu.cn
质量反馈： 010-62772015，zhiliang@tup.tsinghua.edu.cn
印 装 者： 三河市东方印刷有限公司
经 销： 全国新华书店
开 本： 155mm×235mm **印 张：** 11.75 **插 页：** 4 **字 数：** 187 千字
版 次： 2022 年 10 月第 1 版 **印 次：** 2022 年 10 月第 1 次印刷
定 价： 99.00 元

产品编号：088475-01

一流博士生教育
体现一流大学人才培养的高度（代丛书序）[①]

人才培养是大学的根本任务。只有培养出一流人才的高校，才能够成为世界一流大学。本科教育是培养一流人才最重要的基础，是一流大学的底色，体现了学校的传统和特色。博士生教育是学历教育的最高层次，体现出一所大学人才培养的高度，代表着一个国家的人才培养水平。清华大学正在全面推进综合改革，深化教育教学改革，探索建立完善的博士生选拔培养机制，不断提升博士生培养质量。

学术精神的培养是博士生教育的根本

学术精神是大学精神的重要组成部分，是学者与学术群体在学术活动中坚守的价值准则。大学对学术精神的追求，反映了一所大学对学术的重视、对真理的热爱和对功利性目标的摒弃。博士生教育要培养有志于追求学术的人，其根本在于学术精神的培养。

无论古今中外，博士这一称号都和学问、学术紧密联系在一起，和知识探索密切相关。我国的博士一词起源于 2000 多年前的战国时期，是一种学官名。博士任职者负责保管文献档案、编撰著述，须知识渊博并负有传授学问的职责。东汉学者应劭在《汉官仪》中写道："博者，通博古今；士者，辩于然否。"后来，人们逐渐把精通某种职业的专门人才称为博士。博士作为一种学位，最早产生于 12 世纪，最初它是加入教师行会的一种资格证书。19 世纪初，德国柏林大学成立，其哲学院取代了以往神学院在大学中的地位，在大学发展的历史上首次产生了由哲学院授予的哲学博士学位，并赋予了哲学博士深层次的教育内涵，即推崇学术自由、创造新知识。哲学博士的设立标志着现代博士生教育的开端，博士则被定义为

① 本文首发于《光明日报》，2017 年 12 月 5 日。

独立从事学术研究、具备创造新知识能力的人，是学术精神的传承者和光大者。

博士生学习期间是培养学术精神最重要的阶段。博士生需要接受严谨的学术训练，开展深入的学术研究，并通过发表学术论文、参与学术活动及博士论文答辩等环节，证明自身的学术能力。更重要的是，博士生要培养学术志趣，把对学术的热爱融入生命之中，把捍卫真理作为毕生的追求。博士生更要学会如何面对干扰和诱惑，远离功利，保持安静、从容的心态。学术精神，特别是其中所蕴含的科学理性精神、学术奉献精神，不仅对博士生未来的学术事业至关重要，对博士生一生的发展都大有裨益。

独创性和批判性思维是博士生最重要的素质

博士生需要具备很多素质，包括逻辑推理、言语表达、沟通协作等，但是最重要的素质是独创性和批判性思维。

学术重视传承，但更看重突破和创新。博士生作为学术事业的后备力量，要立志于追求独创性。独创意味着独立和创造，没有独立精神，往往很难产生创造性的成果。1929 年 6 月 3 日，在清华大学国学院导师王国维逝世二周年之际，国学院师生为纪念这位杰出的学者，募款修造“海宁王静安先生纪念碑”，同为国学院导师的陈寅恪先生撰写了碑铭，其中写道：“先生之著述，或有时而不章；先生之学说，或有时而可商；惟此独立之精神，自由之思想，历千万祀，与天壤而同久，共三光而永光。”这是对于一位学者的极高评价。中国著名的史学家、文学家司马迁所讲的“究天人之际，通古今之变，成一家之言”也是强调要在古今贯通中形成自己独立的见解，并努力达到新的高度。博士生应该以“独立之精神、自由之思想”来要求自己，不断创造新的学术成果。

诺贝尔物理学奖获得者杨振宁先生曾在 20 世纪 80 年代初对到访纽约州立大学石溪分校的 90 多名中国学生、学者提出：“独创性是科学工作者最重要的素质。”杨先生主张做研究的人一定要有独创的精神、独到的见解和独立研究的能力。在科技如此发达的今天，学术上的独创性变得越来越难，也愈加珍贵和重要。博士生要树立敢为天下先的志向，在独创性上下功夫，勇于挑战最前沿的科学问题。

批判性思维是一种遵循逻辑规则、不断质疑和反省的思维方式，具有批判性思维的人勇于挑战自己，敢于挑战权威。批判性思维的缺乏往往被认为是中国学生特有的弱项，也是我们在博士生培养方面存在的一个普遍问题。2001 年，美国卡内基基金会开展了一项“卡内基博士生教育创新计划”，针对博士生教育进行调研，并发布了研究报告。该报告指出：在美国和欧洲，培养学生保持批判而质疑的眼光看待自己、同行和导师的观点同样非常不容易，批判性思维的培养必须成为博士生培养项目的组成部分。

对于博士生而言，批判性思维的养成要从如何面对权威开始。为了鼓励学生质疑学术权威、挑战现有学术范式，培养学生的挑战精神和创新能力，清华大学在 2013 年发起“巅峰对话”，由学生自主邀请各学科领域具有国际影响力的学术大师与清华学生同台对话。该活动迄今已经举办了 21 期，先后邀请 17 位诺贝尔奖、3 位图灵奖、1 位菲尔兹奖获得者参与对话。诺贝尔化学奖得主巴里·夏普莱斯（Barry Sharpless）在 2013 年 11 月来清华参加“巅峰对话”时，对于清华学生的质疑精神印象深刻。他在接受媒体采访时谈道：“清华的学生无所畏惧，请原谅我的措辞，但他们真的很有胆量。”这是我听到的对清华学生的最高评价，博士生就应该具备这样的勇气和能力。培养批判性思维更难的一层是要有勇气不断否定自己，有一种不断超越自己的精神。爱因斯坦说：“在真理的认识方面，任何以权威自居的人，必将在上帝的嬉笑中垮台。”这句名言应该成为每一位从事学术研究的博士生的箴言。

提高博士生培养质量有赖于构建全方位的博士生教育体系

一流的博士生教育要有一流的教育理念，需要构建全方位的教育体系，把教育理念落实到博士生培养的各个环节中。

在博士生选拔方面，不能简单按考分录取，而是要侧重评价学术志趣和创新潜力。知识结构固然重要，但学术志趣和创新潜力更关键，考分不能完全反映学生的学术潜质。清华大学在经过多年试点探索的基础上，于 2016 年开始全面实行博士生招生“申请–审核”制，从原来的按照考试分数招收博士生，转变为按科研创新能力、专业学术潜质招收，并给予院系、学科、导师更大的自主权。《清华大学“申请–审核”制实施办法》明晰了导师和院系在考核、遴选和推荐上的权力和职责，同时确定了规范的流程及监管要求。

在博士生指导教师资格确认方面，不能论资排辈，要更看重教师的学术活力及研究工作的前沿性。博士生教育质量的提升关键在于教师，要让更多、更优秀的教师参与到博士生教育中来。清华大学从 2009 年开始探索将博士生导师评定权下放到各学位评定分委员会，允许评聘一部分优秀副教授担任博士生导师。近年来，学校在推进教师人事制度改革过程中，明确教研系列助理教授可以独立指导博士生，让富有创造活力的青年教师指导优秀的青年学生，师生相互促进、共同成长。

在促进博士生交流方面，要努力突破学科领域的界限，注重搭建跨学科的平台。跨学科交流是激发博士生学术创造力的重要途径，博士生要努力提升在交叉学科领域开展科研工作的能力。清华大学于 2014 年创办了“微沙龙”平台，同学们可以通过微信平台随时发布学术话题，寻觅学术伙伴。3 年来，博士生参与和发起“微沙龙”12 000 多场，参与博士生达 38 000 多人次。“微沙龙”促进了不同学科学生之间的思想碰撞，激发了同学们的学术志趣。清华于 2002 年创办了博士生论坛，论坛由同学自己组织，师生共同参与。博士生论坛持续举办了 500 期，开展了 18 000 多场学术报告，切实起到了师生互动、教学相长、学科交融、促进交流的作用。学校积极资助博士生到世界一流大学开展交流与合作研究，超过 60% 的博士生有海外访学经历。清华于 2011 年设立了发展中国家博士生项目，鼓励学生到发展中国家亲身体验和调研，在全球化背景下研究发展中国家的各类问题。

在博士学位评定方面，权力要进一步下放，学术判断应该由各领域的学者来负责。院系二级学术单位应该在评定博士论文水平上拥有更多的权力，也应担负更多的责任。清华大学从 2015 年开始把学位论文的评审职责授权给各学位评定分委员会，学位论文质量和学位评审过程主要由各学位分委员会进行把关，校学位委员会负责学位管理整体工作，负责制度建设和争议事项处理。

全面提高人才培养能力是建设世界一流大学的核心。博士生培养质量的提升是大学办学质量提升的重要标志。我们要高度重视、充分发挥博士生教育的战略性、引领性作用，面向世界、勇于进取，树立自信、保持特色，不断推动一流大学的人才培养迈向新的高度。

邱勇

清华大学校长

2017 年 12 月 5 日

丛书序二

以学术型人才培养为主的博士生教育，肩负着培养具有国际竞争力的高层次学术创新人才的重任，是国家发展战略的重要组成部分，是清华大学人才培养的重中之重。

作为首批设立研究生院的高校，清华大学自20世纪80年代初开始，立足国家和社会需要，结合校内实际情况，不断推动博士生教育改革。为了提供适宜博士生成长的学术环境，我校一方面不断地营造浓厚的学术氛围，一方面大力推动培养模式创新探索。我校从多年前就已开始运行一系列博士生培养专项基金和特色项目，激励博士生潜心学术、锐意创新，拓宽博士生的国际视野，倡导跨学科研究与交流，不断提升博士生培养质量。

博士生是最具创造力的学术研究新生力量，思维活跃，求真求实。他们在导师的指导下进入本领域研究前沿，吸取本领域最新的研究成果，拓宽人类的认知边界，不断取得创新性成果。这套优秀博士学位论文丛书，不仅是我校博士生研究工作前沿成果的体现，也是我校博士生学术精神传承和光大的体现。

这套丛书的每一篇论文均来自学校新近每年评选的校级优秀博士学位论文。为了鼓励创新，激励优秀的博士生脱颖而出，同时激励导师悉心指导，我校评选校级优秀博士学位论文已有20多年。评选出的优秀博士学位论文代表了我校各学科最优秀的博士学位论文的水平。为了传播优秀的博士学位论文成果，更好地推动学术交流与学科建设，促进博士生未来发展和成长，清华大学研究生院与清华大学出版社合作出版这些优秀的博士学位论文。

感谢清华大学出版社，悉心地为每位作者提供专业、细致的写作和出版指导，使这些博士论文以专著方式呈现在读者面前，促进了这些最新的优秀研究成果的快速广泛传播。相信本套丛书的出版可以为国内外各相关领域或交叉领域的在读研究生和科研人员提供有益的参考，为相关学科领域的发展和优秀科研成果的转化起到积极的推动作用。

感谢丛书作者的导师们。这些优秀的博士学位论文，从选题、研究到成文，离不开导师的精心指导。我校优秀的师生导学传统，成就了一项项优秀的研究成果，成就了一大批青年学者，也成就了清华的学术研究。感谢导师们为每篇论文精心撰写序言，帮助读者更好地理解论文。

感谢丛书的作者们。他们优秀的学术成果，连同鲜活的思想、创新的精神、严谨的学风，都为致力于学术研究的后来者树立了榜样。他们本着精益求精的精神，对论文进行了细致的修改完善，使之在具备科学性、前沿性的同时，更具系统性和可读性。

这套丛书涵盖清华众多学科，从论文的选题能够感受到作者们积极参与国家重大战略、社会发展问题、新兴产业创新等的研究热情，能够感受到作者们的国际视野和人文情怀。相信这些年轻作者们勇于承担学术创新重任的社会责任感能够感染和带动越来越多的博士生，将论文书写在祖国的大地上。

祝愿丛书的作者们、读者们和所有从事学术研究的同行们在未来的道路上坚持梦想，百折不挠！在服务国家、奉献社会和造福人类的事业中不断创新，做新时代的引领者。

相信每一位读者在阅读这一本本学术著作的时候，在吸取学术创新成果、享受学术之美的同时，能够将其中所蕴含的科学理性精神和学术奉献精神传播和发扬出去。

清华大学研究生院院长

2018 年 1 月 5 日

导师序言

空间信息网络是以空间平台，如 GEO、MEO、LEO 卫星、浮空平台及有人或无人驾驶飞机等为载体构成的网络化信息系统，能够实现空间信息的实时获取、传输和处理。作为国家重要基础设施、科学前沿以及战略制高点，空间信息网络对发展国民经济、提升国际竞争力具有重要作用。与地面信息网络相比，空间信息网络起步较晚，发展大时空尺度下的通信与组网优化理论尚未成熟。为解决现有卫星系统时空频覆盖盲区、协作规划能力有限等问题，亟需开展高效组网机理与资源动态配置、聚合与重构的理论方法研究，从而提高网络化的信息获取、传输与处理能力。

本书围绕空间信息网络“全球覆盖、随遇接入、按需服务、安全可信”的需求目标，重点研究了空间信息网络动态协作与资源高效配置，通过挖掘高时效性传输与网络稳定性的相互制约关系、网络资源与业务特性的动态协调机理、协同干扰控制与安全可靠传输的相互作用机理，以及网络高动态特性对网络性能的影响作用机理，解决了空间信息网络资源配置中协作传输能力增强、业务随需适应、安全传输与干扰控制，以及高动态建模与复杂性分析四个方面的核心问题，从而形成一套完整、有效、可行的空间信息网络资源优化配置方法，研究内容具有严谨的理论基础和较大的理论与应用价值。

本书针对空间信息网络传输能力问题，提出基于认知协作的中继卫星协作传输机制，显著提升了系统传输性能，并推导得到了多接入协作传输系统稳定域；针对业务特性自适应问题，提出了基于多源业务特性预测的地面传输与服务资源动态分配方法，以及基于背压原理的预服务机制，为可能造成流量积压的卫星数据缓存队列预先分配更多的传输处理资源，从而有效降低了数据缓存队列长度，提高了数据包无等待传输概率；针对安全传输与干扰控制问题，提出了基于地面基站协作的波束成形与人工噪声信号设计方法，在实现星地-地面通信网络融合的共信道干扰控制的同时，提高了星地通信安全性；针对高动态建模与复杂性分析问题，提出了空间信息网络时间累积时变图 C-TVG 模型，并首次将复杂网络理论用于空间信息网络结构分析，有效揭示出单一时隙拓扑无法呈现或错误呈现的网络特征，为网络管理优化提供了全新思路。

本书作者所在课题组清华大学电子工程系复杂工程系统实验室主要研究方向为信息网络与复杂系统相关科学问题和工程应用。主要涉及网络化信息系统中的移动性、认知协同、数据融合、信息共享、系统行为和应用感知等诸多方面。课题组相继承担了科技部重点研发计划、国家自然科学基金、大企业基金、原 863、原 973、军口、国际合作、企业合作等科研项目 50 余项。复杂工程系统实验室现有教师 10 人，其中教授 3 人，具有博士学位者 8 人，在读博士、硕士研究生 40 余人。

本书作者杜军现为清华大学电子工程系助理研究员，研究方向为空间信息网络资源协同优化及智能组网基础理论、技术及应用。杜军具有孜孜以求的科研态度和坚忍不拔的科学作风，工作认真勤恳，在基础理论、专业知识、研究能力等方面都表现突出。目前作为负责人主持国家自然科学基金面上项目 1 项，博士后基金面上项目、博士后基金特别资助项目 2 项，在国内外高水平期刊、会议上发表论文 50 余篇，获得授权发明专利 6 项，出版专著 2 部，先后获得了 2020 年吴文俊人工智能科学技术优秀青年奖、2020 年中国电子学会科学技术发明一等奖、2018 年吴文俊人工智能科学技术发明奖一等奖、2018 年清华大学“博士后支持计划”、2018 年清华大学优秀博士学位论文一等奖、清华大学优秀博士毕业生、清华大学电子工程系“学术新秀”奖、2015 年教育部博士研究生国家奖学金，以及 2020 年 IEEE/ACM IWCMC 优秀论文奖、2019 年 IEEE ICC 优秀论文奖、2014 年 IEEE 全球“信号与信息处理”最佳学生论文奖等多项奖励和荣誉称号。

本书精选了杜军博士在空间信息网络高效组网和资源优化配置领域取得的部分阶段性突出成果，希望能够给相关领域的研究人员一定的借鉴意义。

任　勇

2020 年 10 月 20 日于清华园

摘　要

作为国家重要基础设施、科学前沿以及战略制高点，空间信息网络对发展我国的国民经济、提升国际竞争力具有重要作用。为解决现有卫星系统时空频覆盖盲区、协作规划能力有限等问题，亟需开展高效组网机理与资源动态配置、聚合与重构的理论方法研究，从而提高网络化的信息获取、传输与处理能力。本书围绕空间信息网络资源动态配置的主要问题，研究协作传输能力增强、业务特性自适应、安全传输与干扰控制、高动态网络建模及其复杂性，取得以下创新性成果。

第一，针对空天网络传输能力问题，提出基于认知的中继卫星协作传输机制，对地球同步轨道中继卫星的带宽资源和中低轨道中继卫星的时隙资源进行分配；推导出多接入协作传输系统稳定域，并以此建立优化问题，求解得到最优资源分配方案。仿真结果表明最优时隙资源和带宽资源分配的吞吐量、延迟特性与传统选择解码转发分配方式相比分别提高10% 及一倍以上，显著提升系统传输性能。

第二，针对业务特性自适应问题，提出基于多源业务特性预测的地面传输与服务资源动态分配方法；设计基于背压原理的预服务机制，为可能造成流量积压的卫星数据缓存队列预先分配更多的传输处理资源。仿真结果表明，与未知业务特征的经典/传统资源分配方法相比，基于业务预测的动态分配机制使数据缓存队列长度降低 10% 以上，约 72% 的数据包实现无等待传输，该比例提高 11%。

第三，针对安全传输与干扰控制问题，提出基于地面基站协作的波束成形与人工噪声信号设计方法，实现星地 - 地面通信网络融合的共信道干扰控制，并提高星地通信安全性；设计基于路径追踪的高效算法求解非凸优化问题。仿真结果表明，协作波束成形与非协作相比，能够使星地通信安全传输速率提高一倍以上，所设计的优化算法与传统算法相比，收敛速度显著提高。

第四，针对高动态建模与复杂性分析问题，提出时间累积时变图 C-TVG 模型，用以刻画高动态空间信息网络不同时间尺度的拓扑；基于该模型，首次将复杂网络理论用于空间信息网络结构分析。仿真结果表明，基于 C-TVG 的复杂性分析方法能够有效揭示单一时隙拓扑无法呈现或错误呈现的网络特征；提出累积复杂性新概念并用于空间信息网络的资源优化管理中，能够有效提升网络性能。

通过以上研究，本书面向国家重大需求，提出了一套完整、有效、可行的空间信息网络资源优化配置方法，具有严谨的理论基础及较大的理论和应用价值。

关键词：空间信息网络；资源分配；认知协作；安全传输；网络建模

Abstract

As the important national infrastructure, frontiers of science and commanding point of strategy, the space-based information network (SBIN) plays a significant role in promoting national economic and international competitiveness. To improve the limited-coverage of current satellites and satellite systems, and enhance their cooperation in mission planning, it is necessary to study the efficient networking and resource allocation mechanisms, which support the networked data acquisition, transmission and processing. This book discusses the resource allocation issues in SBINs, including cooperation based transmission capability enhancement, adaptivity to traffic properties, secure transmission with interference control, and high-dynamics modeling and complexity analysis.

First, for the problem of cooperation based transmission capability enhancement, this thesis considers the cooperative mechanism of relay satellites, and proposes a bandwidth resource allocation strategy for the geosynchronous orbit (GEO) relay, and a time-slot allocation strategy for the low Earth orbit (LEO) relay and medium Earth orbit (MEO) relay. Then the stability of the proposed systems and protocols is analyzed, and the maximum stable throughput region is derived as well, which provides the guidance for the design of the system optimal control. Simulation results show that the performance of the proposed resource allocation strategy for the LEO relay is 10% better than traditional Selection Decode-and-Forward (SDF) based resource allocation, and the proposed strategy for the GEO relay can achieve a double throughput performance.

Second, for the problem of adaptivity to traffic properties, this thesis proposes a traffic prediction based resource allocation mechanism for the transmission and service resource of the ground station when receiving data from multiple satellites. A predictive Backpresure (PBP) based predictive service mechanism is designed in this thesis to minimize the time average cost of the multiple access system as well as the waiting time of packets after they enter the queue. Simulation results validate that the delay of the SBIN queueing system can be reduced by the resource allocation mechanism that coordinates with traffic properties. Comparing with the mechanism without traffic prediction, the PBP-based resource allocation mechanism proposed in this thesis reduces the queue length by 10%, and about 72% of the packets in the queues do not need to wait for service, which means that they are pre-served before arriving to the system.

Third, for the problem of secure transmission with interference control, this thesis proposes a cooperative secure transmission beamforming and artificial noise designing scheme, which realizes the secure transmission and co-channel interference control in a coexistence system of the satellite-terrestrial network and cellular network, which is also refereed to as the satellite-terrestrial hybrid network. To solve the nonconvex optimization problems established, an iteration and convex quadratic approximation based genetic algorithm is designed in this thesis. Simulation results indicate that through the cooperative and adaptive beamforming scheme, the secrecy rate of the eavesdropped fixed satellite service (FSS) terminal can be doubled, comparing with the beamforming scheme without cooperation. In addition, the convergence and efficiency of the proposed optimization algorithm are also verified by the simulations.

Lastly, for the problem of high-dynamics modeling and complexity analysis, the notion and definition of the Cumulative Time Varying Graph (C-TVG) are proposed to model the high dynamics and relationships between ordered static graph sequences for the SBIN. Based on the C-TVG model, complex network theory is introduced to the topology analysis of the SBIN for the first time by this thesis. Simulation results show that through the C-TVG based analysis, complexity properties of the SBIN can be revealed. While such properties cannot be reflected in the topology without time cumulation. In addition, the validity and effectiveness of the proposed C-TVG based complexity analysis for the SBIN modeling and applications are also indicated by the simulations.

In conclusion, this book develops a set of comprehensive, effective and feasible solutions for the resource allocation issues in the SBIN, with solid theoretical analysis and high theoretical and practical values.

Key words: space-based information network; resource allocation; cognitive cooperation; secure transmission; network modeling

主要符号对照表

AN	人工噪声 (artificial noise)
ANN	人工神经网络 (artificial neural network)
AoD	离开方位角 (azimuth angle of departure)
AWGN	加性高斯白噪声 (additive white Gaussian noise)
BP	反向传播算法 (backpropagation)
CPSO	协作粒子群算法 (cooperative particle swarm optimization)
C-TVG	时间累积时变图 (cumulative time varying graph)
DRS	数据中继卫星 (data relay satellite)
FARIMA	分形自回归聚合滑动 (fractional autoregressive integrated moving average)
FSS	卫星固定业务 (fixed satellite service)
GEO	地球同步轨道 (geosynchronous orbit)
GR-CMA	基于 GEO 中继卫星的多接入协作传输 (GEO relay based cooperative multiple access)
ISL	星间链路 (inter-satellite link)
i.i.d	独立同分布 (independent and identically distributes)
LEO	低地球轨道 (low earth orbit)
LR-CMA	基于 LEO 中继卫星的多接入协作传输 (LEO relay based cooperative multiple access)
MEO	中地球轨道 (medium earth orbit)
MRT	最大比传输 (maximum ratio transmission)
mmWave	毫米波 (millimeter wave)

NASA	美国国家航空航天局 (National Aeronautics & Space Administration)
PBP	预测背压 (predictive backpressure)
PLS	物理层安全 (physical layer security)
SBIN	空间信息网络 (space-based information network)
SDF	选择解码转发 (selection decode-and-forward)
SGL	星地链路 (satellite-to-ground link)
SINR	信号与干扰加噪声比 (signal-interference-noise-ratio)
SNR	信噪比 (signal-to-noise-ratio)
TVG	时变图模型 (time varying graph)

目录

第 1 章　绪　论

1.1　研究背景

“天之苍苍其正色邪？其远而无所至极邪？”憧憬氤氲的星空，这是古人对太空的想象。1609 年 11 月 30 日，伽利略用他设计的人类历史上第一台天文望远镜观测了月球表面，第一次拉近了人类与浩瀚太空的距离。1957 年 10 月 4 日，苏联使用改装的 P-7 洲际导弹，成功将世界第一颗人造地球卫星送入 900 km 的轨道高度，这标志着人类正式迈入太空领域，开启了人类探索太空的新纪元。在之后的 60 年间，太空探测经历了前所未有的高速发展。美国忧思科学家联盟（The Union of Concerned Scientists，UCS）最新数据显示，截至 2017 年 8 月 31 日，全球在轨卫星数量已达 1738 颗，其中，我国在轨卫星 204 颗，位列第二[1]。

1.1.1　卫星发展现状与趋势

在空间基础设施建设中，人造卫星占所有航天器总数的 90% 以上，根据轨道类型，人造卫星主要分为低地球轨道（low earth orbit，LEO）卫星、中地球轨道（medium earth orbit，MEO）卫星、地球同步轨道（geosynchronous orbit，GEO）卫星以及太阳同步轨道（sun synchronous orbit，SSO）卫星等。随着卫星技术、火箭运载能力的不断增强，卫星功能更加集成，性能更加强大，在地球资源环境探查与监测、气象、通信、导航以及军事侦察等领域发挥着至关重要的作用。陆地卫星 1 号（Landsat 1）是最早的地球资源卫星之一，它于 1972 年 7 月 23 日由美国国家航空航天局（National Aeronautics & Space Administration，NASA）发射入轨。该卫星重量为 750 kg，搭载一台用于获取可见光和近红外图像的返束光导摄像管摄像机、一台接收地表电磁辐射的 4 通道多光谱扫描仪，以及一套向地面站回传数据的数据收集系统。经历了近 50 年的发展，这项陆地卫星计划已经发射了 8 颗卫星，在探测功能和性能上不断进步，最新的陆地卫星 8 号（Landsat 8）于 2013 年 2 月 11 日成功发射，运行于 705 km 轨道高度。作为美国最先进的资源卫星之一，Landsat 8 搭载的陆地成像仪（operational land imager，OLI）覆盖 9 个频段，空间分辨率为 30 m。同时，Landsat 8 搭载了世界上最先进的热红外传感器（thermal infrared sensor，TIRS）。而在军用高分辨率对地观测卫星中，探测性能首屈一指的当属美国的锁眼 12 号卫星（KH-12）。该系列卫星于 1990 年海湾战争期间开始发射，至今已成功部署 4 颗，轨道近地点高度 315 km，并具有变轨能力。作为美国最新型数字成像无线电传输卫星“锁眼”系列的最新成员，KH-12 空间分辨率已经达到 0.1~0.3 m。可以看到，这些高性能对地探测卫星主要部署在 LEO 轨道，从而有利于实现高分辨率的地面成像。

LEO 卫星的缺点是在轨速度高，无法实现对目标的连续探测以及与地面站的实时数据回传。为解决这一问题，GEO 成像卫星成为了另一个各国普遍重视并大力发展的方向。目前，世界上分辨率最高、幅宽最大的 GEO 对地遥感卫星是我国 2015 年 12 月 29 日发射的高分四号卫星（GF-4），这是我国部署的首颗 GEO 光学成像卫星，可见光空间分辨率为 50 m。2016 年 12 月 11 日，我国发射了风云四号 GEO 遥感气象卫星（FY-4），该卫星在功能和性能上均实现跨越式提升，可见光频段空间分辨率达到 0.5 m，与欧美最新一代 GEO 气象卫星水平相当，而其搭载的大气垂直探测仪光谱分辨率达到 0.8 cm^{-1}，这一性能是目前欧美 GEO 气象卫星无法达到的。此外，美国目前在研的衍射光学薄膜技术就是用于 GEO 遥感卫星成像，该技术能够使 GEO 卫星的凝视长超过 1000 km，空间分辨率达到 2.5 m，根据美国国防高级研究计划局（Defense Advanced Research Projects Agency，DARPA）的计划，该技术的首颗卫星将于 2025 年左右发射。

然而，这些功能、性能日益强大的卫星的主要问题是研制与升级周期长、研制与发射成本高。以 KH-12 为例，该卫星重量已达 17 t，研制、发射成本超过 15 亿美元，工作寿命长达 8 年。因此近年来，小卫星因技术更新快、研制周期短、集成度高、成本低、易于规模部署等优点受到各国重视，发展迅速。2017 年，全球共计发射 310 颗 500 kg 以下小卫星，其中对地观测卫星 208 颗[2]，包括美国 Planet 公司发射的 140 颗 Flock 小卫星，这是全球最大规模的地球影像星座。在通信卫星领域，OneWeb 公司 2015 年提出的互联网卫星星座于 2017 年 6 月 22 日获得美国联邦通讯委员会（Federal Communications Commission，FCC）批准进入美国市场，该星座拟使用 648 颗 LEO 卫星提供 Ku 及 Ka 频段的宽带互联网服务。这种大规模小卫星组网计划近年来发展迅速。SpaceX 公司在 2016 年提出基于 4425 颗小卫星的太空互联网服务[3]，又于 2018 年 2 月宣布了部署 7500 颗卫星的组网计划，用以提供 LEO 卫星 V 频段的互联网服务。随着小卫星星群规模不断扩大、功能更加复杂，卫星之间、星群之间的管理与协同必将推动天基系统网络化探测与传输的发展需求，从而实现更高性能的遥感、通信、侦察等应用。

1.1.2 空间信息网络发展

随着空间技术的不断发展，世界各国部署的面向不同应用的卫星及卫星系列、卫星星座（群）规模不断扩大，功能和性能更加丰富和强大。如何最大化各个系统卫星的探测与传输资源利用，实现不同系统之间性能与功能互补？针对这一需求，以空间资源灵活重构、协作互联为目标的“空间信息网络”（space-based information network，SBIN）成为未来空间基础设施建设和发展的新方向。空间信息网络是以空间平台，如 GEO、MEO、LEO 卫星、浮空平台及有人或无人驾驶飞机等为载体构成的网络化信息系统，能够实现空间信息的实时获取、传输和处理[4-5]。空间信息网络能够极大提高遥感、通信等应用中信息获取和传输的时效性、时空尺度和时空分辨率，对发展国民经济、提升国际竞争力具有重要作用。因此，世界各国均针对空间信息网络构建中的问题展开了大量研究。1996 年，NASA 建立综合业务网 NISN（NASA Integrated Services Network），将其重要的卫星探测及通信网络进行合并[6]。此后，NASA 喷气推进实验室（Jet Propulsion Laboratory，JPL）于 1998 年、2000 年分别开展了星际互联网（inter-planetary internet，IPN）项目和下一代空间互联网（next generation space internet，NGSI）项目研究，逐渐形成了基于国际组织空间数据系统咨询委员会（Consultative Committee for Space Data Systems，CCSDS）建议、现有多协议标签交换协议以及移动 IP 的空间互联网协议体系。2002 年，NASA 提出空间互联网体系架构，较为完整地论述了天地一体化网络架构的四个组成部分：主干网、接入网、卫星星座或编队、近距离无线网，以及各组成部分的功能及应用[7]，这一体系架构为美国天地一体化网络建设和发展提供了重要指导，也为我国空间信息网络建设提供了重要思路和建议。近年来，随着 OB3 计划、OneWeb 计划、SpaceX 的大规模空间平台组网计划不断提出和实施，美国在卫星通信、遥感、导航与地面信息系统的一体化深度融合进程中不断取得新的进展和突破。

我国空间基础设施建设发展迅速，以“资源”“海洋”“气象”等系列构成的遥感卫星、以“天链”为代表的通信卫星以及“北斗”系列导航卫星部署不断完善。以遥感卫星为例，如表 1.1 所示，我国目前部署的不同系列卫星轨道类型多样、星载遥感设备功能性能丰富，用以完成不同领域的探测任务。然而，我国卫星分属于不同部门，管理、控制完全独立。这种单一卫星或卫星系列独立探测及通信方式带来的低时效性、低时空覆盖率及低时空分辨率加剧了我国对空间信息网络建设的强烈需求。我国于“九五”期间提出建立天基综合信息网络，并于“十一五”期间形成了空间信息网络概念，通过科技部 973 计划、863 计划启动了相关理论及关键技术的研究[4]。2013 年，国家自然科学基金委正式启动“空间信息网络基础理论与关键技术重大研究计划”，在其 2013–2017 年度项目指南中总结了空间信息网络研究要解决的三个核心科学问题：空间信息网络模型与高效组网机理、空间动态网络高速传输理论与方法、空间信息稀疏表征与融合处理，并在 2013 年重点支持项目的研究方向“空间信息网络模型及体系架构”中指出：“围绕应急救援、航天测控、对地观测及深空通信等不同应用服务需求，在综合考虑空天环境特点及资源能力水平的基础上，……构建空间信息网络动态配置、聚合与重构理论和方法，提高网络的鲁棒性和可靠性，……”[8]。

综上所述，通过遥感、通信、导航等不同应用系统卫星的集成与协同，实现面向不同应用需求的任务规划，构建以空间信息网络为代表的网络化探测、传输系统，是未来全球空间技术发展的一个重要方向。要构建

表 1.1 我国“资源”“环境”“气象”系列部分卫星及载荷参数

卫星系列	卫星名称	主要传感器	光谱范围	空间分辨率/m	幅宽/km	重访周期
陆地资源卫星系列	CBERS-1-01/02	CCD 图像传感器	RVIS/NIR	20/258	120/890	26/5 d
	CBERS-1-01/02B	红外扫描成像仪	WIS/SWIR/TIR	78/156	120	26 d
		CCD 图像传感器	RVIS/NIR	20/258	113/890	26/5 d
	ZY-3-01	高分辨率成像仪	VIS	2.36	27	104 d
		CCD 图像传感器	VIS/NIR	6/2.1	52/52	59/5 d
		前视/后视摄像头	VIS	3.5	52	59/5 d
环境卫星系列	HJ-1A	高光谱成像仪	VIS/NIR	30/100	700/50	4 d
	HJ-1B	CCD 图像传感器	VIS/NIR	30	700	4 d
		红外多光谱成像仪	IR	150/300	720	4 d
	HJ-1C	SAR 成像仪	—	4/15	40/100	4 d
气象卫星系列	FY-1A/B	多通道可见光与红外扫描辐射计	VIS/NIR/TIR	1100/4000	2860	—
	FY-1C/D	多通道可见光与红外扫描辐射计	VIS/IR	1100/4000	3100	12 d
	FY-2A/B/C/D/E/F	可见与红外自旋扫描辐射计	VIS/IR	1250/5000/5760	—	60 min/30 min/6 min
	FY-3A/B	可见与红外自旋扫描辐射计 中分辨率光谱成像仪	VIS/R	17000/1100/250～1000	2800	5.5 d
		微波温度计	EHF/U-band	15000/50～7500	2700	5.5 d

续表

卫星系列	卫星名称	主要传感器	光谱范围	空间分辨率/m	幅宽/km	重访周期
气象卫星系列	FY-3A/B	微波辐射成像仪	X/Ku/K/Ka/W-band	15000~85000	1400	5.5 d
		地球辐射探测仪 太阳辐照度监测仪	UV/VIS/IR	—	—	5.5 d
		太阳散射紫外线探测仪 紫外臭氧总量探测仪	UV	200000/50000	—	5.5 d

“全球覆盖、随遇接入、按需服务、安全可信”[9] 的空间信息网络，网络资源 ①的高效配置与管理是实现高效组网的关键核心问题之一。本书即围绕这一问题开展研究。

1.2 本书研究的关键问题

与传统地面网络相比，空间信息网络具有独特的性质。首先，空间信息网络属于高动态异构网络，卫星部署的轨道高度、轨道类型、搭载的传感器功能、性能差异更大；其次，空间信息网络由不同部门、面向不同应用的卫星构成，面临更加广泛的业务数据类型的传输需求，这使得网络的高动态性不仅体现在拓扑结构的高速变化，也体现在由于不同任务需求导致的网络资源动态聚合与重构；同时，由于空间信息网络处于更加开放的网络环境，安全性面临严峻挑战，星地通信也存在与地面通信网络的干扰问题；此外，空间信息网络具有时空尺度大、卫星功能、性能差异性复杂等特点。这些特性都给空间信息网络异构动态资源的高效配置与管理带来挑战。因此，围绕空间信息网络“全球覆盖、随遇接入、按需服务、安全可信”的需求目标，本书的研究重点为空间信息网络动态协作与资源高效配置，解决空间信息网络资源配置中协作传输能力增强、面向业务随需适应、安全传输与干扰控制，以及高动态建模与复杂性分析四个方面的问题。

1.2.1 多星协作传输能力增强

截至 2017 年 8 月 31 日，全球在轨的 1738 颗人造地球卫星中，大约 1070 颗卫星部署在低地球轨道，用以获取高分辨率的地球表面及大气数据，或提供定位导航、通信等功能。然而，LEO 卫星轨道速度极高，过顶时间仅为十余分钟，且重返周期长达数天，因此，无法与地面站建立稳定连续的数据回传。这一问题可以通过空间信息网络得到很好的解决。通过网络化的协作传输，能够极大程度提高 LEO 卫星与地面站的数据传输范围，提高数据回传的时效性。然而，空间信息网络中卫星轨道、通信能力差异较大，当作为中继卫星实施数据中继转发服务时所能提供的传输资源、中继质量各异。如何针对不同轨道及性能的中继卫星设计高效的

① 本书主要针对空间信息网络中不同轨道卫星资源与地面资源的配置及管理问题展开研究。

协作传输机制，对不同性能的中继传输资源实现高效分配，是提高空间信息网络传输时效性、吞吐量以及传输资源利用率的关键。

目前，针对不同无线网络、不同传输资源的分配机制已有大量研究。针对全球微波互联接入（worldwide interoperability for microwave access，WiMAX）中继系统，文献 [10] 提出一种面向视频广播应用的带宽分配策略，用于最大化网络吞吐量及服务用户数。通过挖掘用户多样性和路径特征，文献 [11] 提出一种资源优化分配策略，用以实现网络最大吞吐量及资源利用率最大化。在文献 [12] 中，研究者总结了当前基于信道感知的资源分配策略，主要应用于正交频分多址接入（orthogonal frequency division multiple access，OFDMA）系统中下行广播服务。然而，大多数针对无线网络资源传输分配问题的研究中，资源特性差异较小，传输环境相对稳定。而在空间信息网络中，通过中继卫星实现数据回传面临差异性的传输条件，需要依赖于不同的传输信道：星间链路（inter-satellite link，ISL）与星地链路（satellite-to-ground link，SGL）。此外，空间信息网络属于机会网络（opportunistic network），星间与星地传输链路面临更加频繁的通断转换。这些因素导致地面无线网络中的资源分配策略难以高效应用于空间信息网络。因此，在这项研究中，本书将建立基于中继卫星的空间信息网络协作传输系统，针对不同链路类型，建立信道模型和链路通断模型，实现对空间信息网络中的数据传输链路状态的刻画。

另一方面，针对不同性能的中继卫星，高效的协作传输机制对于促进空间信息网络中网络化传输性能的提高起到至关重要的作用。目前，一些研究开始设计针对卫星网络的协作传输策略。文献 [13] 基于信道传输质量，设计了一种实时自适应的协作传输策略，用以动态选择是否使用协作传输链路进行数据转发，从而提高系统能效。针对面向数字广播视频的卫星–地面混合网络，一些研究通过探索中继分集技术及最大比合并技术（maximal ratio combining，MRC），来实现卫星网络中的中继协作机制 [14-15]。针对卫星功能性能差异，文献 [16] 提出一种基于传输资源交换的网络协作通信机制，这一机制能够实现空间信息网络中差异性传输资源的协作以增强网络性能。文献 [17] 研究了基于认知与协作的卫星系统协作传输策略。此外，一些研究通过星间路由机制设计来提高空间信息网络中的协作传输性能，如传输时效性 [18-20]、稳定性 [21]、安全性 [22]，以及

传输质量 [23-24]。

然而，目前大部分面向空间信息网络的协作传输机制大多局限于空间段的传输问题，并没有对中继卫星接收转发的上行及下行传输链路进行综合分析。特别是对于不同性能的中继卫星，其数据接收和转发方式会对系统的传输能力产生影响。因此，在这项研究中，本书将针对部署在不同轨道具有不同传输能力的中继卫星，提出基于认知的空间信息网络协作机制与中继卫星传输资源动态配置方法，对 GEO 中继卫星的带宽资源和 LEO 中继卫星的时隙资源进行分配，从而提高网络传输能力及传输资源利用率。

1.2.2 多源业务特性自适应

目前，世界各国均部署了大量对地观测卫星，用以获取大气、海洋、地表等不同目标的可见光、合成孔径雷达（synthetic aperture radar，SAR）以及红外等不同类型的图像及视频数据。这些卫星归属于不同的部门，获取的卫星数据通过独立或共享地面站接收，为气象预报、海洋监测、资源勘探等不同业务及应用需求提供及时、大量的卫星观测数据。在数据回传过程中，一些卫星数据会通过卫星部门独立管理的地面站完成数据接收，如我国的风云系列（FY）气象卫星；此外，一些归属于不同部门的卫星，如海洋（HY）系列、高分（GF）系列的部分卫星，则通过其他卫星管理部门的地面站完成数据接收，再由地面处理中心将数据分发至相应部门。目前，地面站主要基于时间窗口、业务优先级、业务量等约束进行任务调度和规划，能够有效接收来自不同卫星的数据。然而，日益增长的卫星数量和更加广泛的业务类型对地面传输处理多源卫星数据的协调能力和与业务需求的适应能力提出了更高要求，需要对地面站有限的传输处理资源进行优化动态配置[25]。业务特性会影响网络资源管理、配置机制性能的发挥，特别是对于存在多源卫星接入、具有不同传输需求的系统，随需分配地面站有限的传输处理资源，对实现不同业务卫星数据的高效接收具有十分重要的意义。因此，本书将从业务特性及需求角度出发，以视频业务为例，研究地面资源的动态分配机制。

如 1.2.1 节所述，基于认知的资源分配与优化控制机制是影响多接入传输系统与通信网络传输时效性、容量、资源利用率、资源效能等性能的重要因素。针对多跳网络中的视频流传输，文献 [26] 提出一种基于包丢失概率及端到端传输失真的动态资源分配机制。文献 [27] 针对多媒体业务传输系统设计了一种 Pareto 最优的资源分配机制，综合考虑系统中可用资源与视频业务特性。为解决 OFDMA 系统中的大容量传输问题，具有认知功能的载波与功率分配机制、跨层资源优化分配机制被用于视频流传输任务中 [28-29]。异构网络中面向多媒体传输业务的传输速率分配问题也得到了广泛研究，用以提高多接入系统传输的可靠性和时效性[30]。此外，基于博弈论的资源分配机制可以有效解决多接入系统中资源竞争以及资源分配的高效性、公平性等问题[31-34]。这些研究通过对多媒体业务特性的挖掘，设计了具有业务特性适应能力的资源分配方式，提升了多接入系统的传输性能。同时，这些研究主要集中在基于当前或已到达的业务特性，使用有限的网络资源对当前的业务数据实现高效传输。

业务未来流量或到达信息对于当前时刻的资源分配具有重要的指导作用。研究表明，通过对业务流量的预测并将预测信息用于多接入网络的资源分配，能够极大程度提高资源效能[35]。在文献 [35] 中，研究者通过引入一种基于业务预测信息的预服务（predictive service）机制，对未来可能到达的流量预先分配传输功率和服务速率，从而提高了多接入系统的传输时效性及吞吐量。在基于预测信息的资源分配机制中，准确的预测信息提供将影响分配机制的性能。目前，已有大量研究通过学习不同的流量特性，设计了针对多媒体业务流量的预测方法[36-38]。研究表明，视频流量具有长时相关特性（long-range dependence），这种特性意味着流量呈现出突发特性和自相似性 [39-40]，并会给流量的准确预测带来困难。

综上分析，本书将从多媒体业务的数据高效回传需求出发，挖掘业务特性，预测业务流量，提出基于多源业务特性预测的地面资源动态配置方法，解决地面站同时接收多颗信源卫星业务数据时的传输服务资源高效分配问题。此外，为提供准确的流量预测信息，本书将研究面向多媒体传输业务的流量预测方法。

1.2.3 安全传输与干扰控制

空间信息网络通过网络化的信息传输，能够极大地解决传统过顶传输中存在的问题，实现空间信息的高时效性和全天时全天候的传输覆盖。目前，卫星与地面站之间的通信主要使用 Ka 频段，服务于卫星固定业务（fixed satellite service，FSS）、卫星广播业务（broadcasting satellite service，BSS）、无线电定位以及移动服务等[41-44]。针对这些应用，国际电信联盟（International Telecommunication Union，ITU）将用于星地通信的 Ka 频段频谱划分为四个阶段：17.3~17.7 GHz，17.7~17.9 GHz，17.7~18.1 GHz，以及 27.5~29.5 GHz。

然而，为适应第五代移动通信技术（5G）的快速发展及现实需求，越来越多的 5G 网络开始使用 24 GHz 以上频段来实现高速率、大容量、低延迟的可靠通信服务。美国联邦通讯委员会（FCC）于 2017 年 7 月率先批准开放了 24 GHz 以上频率用于移动宽带网络通信[45]。随着下一代无线移动网络对 24 GHz 以上频段的不断开发，星地通信与地面通信网络在 Ka 频段的通信频率重合必然导致网络中不同系统之间的干扰加剧。此外，早在 2000 年，欧洲邮电管理委员会（Confederation of European Posts and Telecommunications，CEPT）在 ECC/DEC/(00)07 决议中，将 Ka 频段优先分配给地面固定服务业务（fixed service，FS）[46]，这意味着，依据该规定，星地之间使用 Ka 频段通信时，必须控制对地面通信的干扰，保证其通信质量。此外，由于敏感信息传输以及开放的通信环境，星地通信的安全性必然受到更加严峻的挑战。因此，本书将从干扰控制与安全传输出发，研究星地–地面通信网络融合的资源优化配置问题。

由于星地通信与地面通信网络在 Ka 频段的频率重叠，频谱共享技术能够很好地解决干扰问题，提高天地一体化网络的传输性能[47-49]。在文献 [50] 中，研究者将地面网络用户作为主用户，研究了天地一体化认知网络中的最优功率控制问题，通过所设计的功率控制机制，系统的传时延约束容量（delay-limited capacity）及中断容量（outage capacity）均实现了最大化，同时保证了地面主用户的通信质量。文献 [51] 通过多天线（multi-antenna）技术，研究了天地一体化网络中的共信道干扰问题。基于最大比传输（maximum ratio transmission，MRT）的波束成形（beamforming）技术以及迫零波束成形（zero-forcing beamforming，ZFBF）也常应用于天地一体化网络，解决多媒体组播以及其中的干扰问题[52]。然而，从传输角度解决天地一体化网络中安全性问题的研究目前尚属起步。文献 [53] 针对星地通信的安全传输问题设计了优化功率分配策略，然而在这项研究中，并没有考虑地面网络及其干扰。文献 [54] 针对星地–地面通信网络融合场景研究了干扰控制与安全传输问题，实现了地面用户传输容量的最大化，然而，由于讨论问题的复杂性，这项研究仅讨论了卫星与单一地面 FSS 终端通信的场景，难以应用于具有大规模 FSS 终端及地面网络的复杂场景。因此，本书将研究星地–地面通信网络融合的干扰控制及安全传输问题，同时，在研究中引入毫米波（millimeter wave，mmWave）及多天线技术，能够适应未来天地一体化网络的发展趋势。

此外，在安全传输方面，物理层安全（physical layer security，PLS）从信息论角度，研究了通信系统中合法接收终端成功接收信息的同时，在不使用上层数据加密技术的情况下，如何避免窃听节点（eavesdropper）对信息的成功接收[55-56]。PLS 理论定义了“加密容量”（secrecy capacity）的概念，即在窃听节点无法成功解码传输信息的条件下，信源节点向目的节点传输信息的最大安全速率。PLS 理论最早由 Wyner 在文献 [57] 中提出，已在无线通信网络中取得大量理论成果[58]。旨在实现对目的节点安全传输速率的最大化，协作干扰（friendly jamming）技术通过优化功率控制、自适应波束成形等技术，提高合法接收节点的信号与干扰加噪声比（signal-interference-noise-ratio，SINR），同时降低窃听节点的 SINR[59-60]。此外，博弈论也常被用于 PLS 的资源配置问题，用于刻画协作干扰者（friendly jammer）与被窃听节点之间的协作或竞争关系[61-63]。

综上分析，本书将从星地–地面通信网络融合的安全传输与干扰控制问题出发，通过研究多天线技术及波束成形机制优化问题，提出基于协作波束成形的星地–地面混合通信网络安全传输与干扰控制方法，在提高星地传输安全性的同时，降低星地通信与地面通信网络之间的共信道干扰。

1.2.4 高动态建模与复杂性分析

空间信息网络是由不同轨道、搭载不同传感器、面向不同应用的卫星及其他空间平台构成，属于高动态复杂异构网络化信息系统。随着未来卫星数量增多，功能更加集成，这些由卫星轨道、传感器功能及性能方面的差异导致的网络节点物理拓扑与逻辑拓扑关系将愈加复杂。同时，随着空间信息网络的网络化探测与传输不断发展，在资源协作机制、配置机制对网络性能优化的同时，网络的高动态性和复杂特性也必然会影响网络优化性能的发挥。因此，更深层次理解高动态的空间信息网络结构，挖掘网络运行中隐藏的复杂特性，对于空间信息网络的高效组网具有非常重要的作用。对此，本书将围绕空间信息网络的高动态建模问题，挖掘高动态下的网络复杂特性，从新的视角指导空间信息网络的资源优化管理。

针对空间信息网络的高动态建模问题，时变图模型（time varying graph，TVG）已经成为刻画卫星网络动态拓扑的重要工具，这种能够反映网络演化特性的图模型为空间信息网络中的路由机制、动态资源配置及任务规划等问题的研究提供了基础 [64-65]。在文献 [66] 中，基于时变图模型，移动自组织网络（mobile ad-hoc network，MANET）与卫星网络构成的混合网络被建模为时隙划分的静态图序列，并基于该模型研究了网关选择优化问题。同样，在文献 [67] 中，研究者设计了一种动态图分解机制，将下一代“航天器网络”（spacecraft network）使用多个静态子图实现描述，并基于每个静态子图研究了基于服务质量（quality of service，QoS）的资源分配问题。文献 [68] 及文献 [69] 研究了微小卫星网络（pico-satellites network）中的路由算法，在这两项研究中，卫星网络被建模为动态演化的“快照”（snapshot）序列，每张快照对应于网络的静态拓扑结构。可以看到，目前大部分卫星网络拓扑模型均将网络的动态变化描述为一系列有序静态图，并基于不同时隙内的静态拓扑对网络实现分析、管理、控制等进一步操作。

然而，上述这种建模方式对于高动态的空间信息网络，必然带来时隙划分准则方面的弊端，特别是当网络中存在多层卫星时，卫星轨道速度、星间链路稳定性将存在更大差异，从而加重时隙划分的困难。此外，空间信息网络中难以建立稳定持续的星间链路，进而导致单一时隙内卫星之间的连接关系无法真实甚至错误反映出高动态网络一定时间尺度内的真实结构特征。为解决这些问题，本书将从空间信息网络的高动态建模问题出发，提出时间累积时变图（cumulative time varying graph，C-TVG）模型，用以准确刻画一定时间尺度内的动态拓扑。

另一方面，复杂网络理论（complex network theory）起源于小世界（small-world）网络研究，已经广泛应用于社交网络、计算机网络、车联网等大规模网络的拓扑分析中。Watts 与 Strogatz 在文献 [70] 中建立了小世界网络模型，并证明了许多大规模网络均具有小世界特性。在文献 [71] 中，Barabási 首次发现了无标度（free-scale）特性，即在大量真实网络中，节点度呈现出幂率（power-law）分布的特性。基于这两项研究成果，复杂网络理论被引入到不同网络的复杂特性分析中。文献 [72] 分析了车载自组织网络（vehicular ad-hoc network，VANET）中的各种复杂性参数，证明了车载网的社会特征。文献 [73] 基于复杂网络理论研究了端到端（peer-to-peer）网络中视频传输的缓存问题（caching）。复杂性分析能够有效揭示出网络连通性、群聚性等社会特征，从而指导网络控制优化。然而，传统复杂网络理论方法难以适用于空间信息网络的结构分析，例如，由于空间信息网络中卫星节点有限，星间链路无法保证空间信息网络的强连通性，进而难以呈现出相应的复杂特性。本书提出的 C-TVG 模型为挖掘空间信息网络的时间累积复杂特性带来可能。因此，本书将基于 C-TVG 模型，围绕空间信息网络的复杂性问题展开研究，首次将复杂网络理论应用于空间信息网络的结构特征分析中，从全新的维度指导网络资源的优化管理。

1.3 本书的研究内容

如图 1.1 所示，针对 1.2 节提出的空间信息网络资源配置在星间协作、星地回传、星地–地面网络融合及网络建模中存在的关键问题，本书

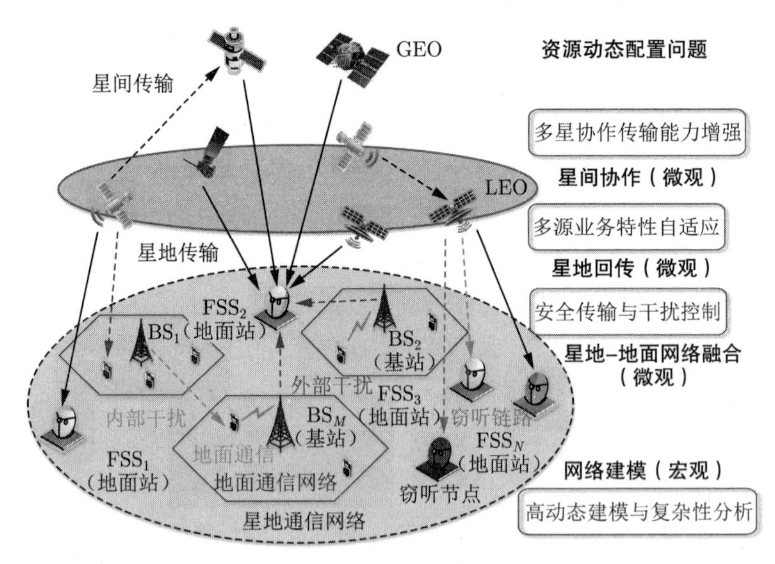

图 1.1 空间信息网络动态资源配置问题的范围

将对空间信息网络的资源协作增强、随需动态配置、网络安全传输、高动态复杂性结构四个具体问题展开详细研究，对应的四项研究内容分别为空间信息网络中基于认知的多星协作传输资源动态配置、基于业务特性预测的地面资源动态分配、星地混合网络安全传输、高动态网络时间累积复杂性分析和应用，详细研究内容如下所述。

1.3.1 基于认知的多星协作传输资源动态配置

如 1.2.1 节所述，本书重点讨论空间信息网络中的协作传输机制设计与网络资源高效配置问题。由于空间信息网络的高动态、异构特性，网络中的传输资源与传输机会更加受限。要实现对有限传输资源的优化配置，最大化资源的协作性能，必然受限于网络所能承载的最大传输能力。因此，需要从探索空间信息网络的高时效传输和网络稳定性之间的相互制约关系这一科学问题出发，研究基于认知的空间信息网络协作机制与资源动态配置。

通过中继卫星的协作传输，能够扩大过顶时间短、重访周期长的 LEO 卫星向地面的数据回传范围，提高数据回传的时效性和稳定性。因此，本书的第一项研究是针对中继卫星的传输资源进行动态分配，并将研究场景建模为多颗 LEO 信源卫星接入中继卫星的协作传输系统。在这一问题建模中，需要考虑网络中星间与星地传输链路的信道质量，并基于卫星运动对链路通断状态的条件进行约束，进而优化接入卫星的数据传输吞吐量。接下来，基于建立的系统模型，要挖掘高时效传输和网络稳定性之间的相互制约关系，需要研究以下两个方面的问题:

（1）网络高时效传输的协作机制设计;

（2）协作机制下的网络稳定性分析。

首先，在协作机制研究中，本书根据卫星的轨道条件、中继传输能力，讨论两种中继卫星的场景。首先是基于传输能力强、与地面连接稳定的 GEO 中继卫星的协作传输; 另一方面，针对 GEO 中继卫星被占用、无法提供协作服务的情况，本书讨论了中继能力较弱的 LEO 中继卫星的协作问题，并根据两种中继卫星的特点，分别对 GEO 中继卫星的带宽资源和 LEO 中继卫星的时隙资源进行分配。然而，面向空间信息网络的多接入协作传输系统中，当使用中继资源的 LEO 信源卫星由于星地传输条件改变，能够与地面建立直接的回传链路，或者由于业务的中断导致传输任务停止时，预先分配给该卫星的中继资源将会浪费，从而降低资源利用率。这种情况在拓扑与业务需求均呈现高动态的空间信息网络中发生更加频繁。因此，如何利用空闲的传输资源为有传输需求的信源卫星服务，对于提高网络的吞吐量和资源利用率具有非常重要的意义。针对这一问题，本书提出了基于认知的中继卫星传输资源分配机制，即中继卫星具有感知信道状态的能力，当接入信源卫星的接入链路中断或者没有数据传输时，则将预先分配给这颗卫星的传输资源动态分配给其他接入且有传输需求的信源卫星。

其次，本书进一步研究在所设计的认知协作传输机制下多接入系统的稳定性，即在所有接入信源卫星及中继卫星的数据缓存队列稳定的情况下，每颗信源卫星所能允许的最大数据到达率，这是衡量协作系统通信能力的重要指标。依据本书提出的协作机制，对每颗信源卫星到达数据的转发能力取决于其他卫星是否使用中继资源的情况，这种队列之间的相互影响导致无法对每颗信源卫星的队列进行独立分析。针对这一问题，本书设计了基于系统分解的稳定性分析方法，将系统中相互影响的队列分解为可独立分析的子系统，并确保每个子系统的稳定条件能够保证原系统的稳定，即为原系统稳定的充分条件，最后通过各子系统稳定条件的并集得到原系统的稳定条件，即稳定域（stability region）。通过该方法，本书首先讨论在资源分配向量确定情况下的稳定域，并将得到的分析结果作为优化目标及稳定性约束，建立以资源分配向量为优化变量的优化问题，刻画了网络高时效传输与稳定性之间的约束关系。通过推导建立的优化问题，本书得到系统稳定条件下的中继卫星传输资源最优分配，能够实现系统最大传输能力。然后，本书通过仿真实验，验证了提出的协作传输机制对网络传输吞吐量及时效性的提升。

综上所述，图 1.2 总结了本书提出协作机制与资源分配机制的研究思路。

1.3.2 基于多源业务特性预测的地面资源动态分配

如 1.2.2 节所述，本书重点讨论空间信息网络中基于多源业务特性预测的地面资源动态随需配置问题。由于空间信息网络面临更加广泛和突

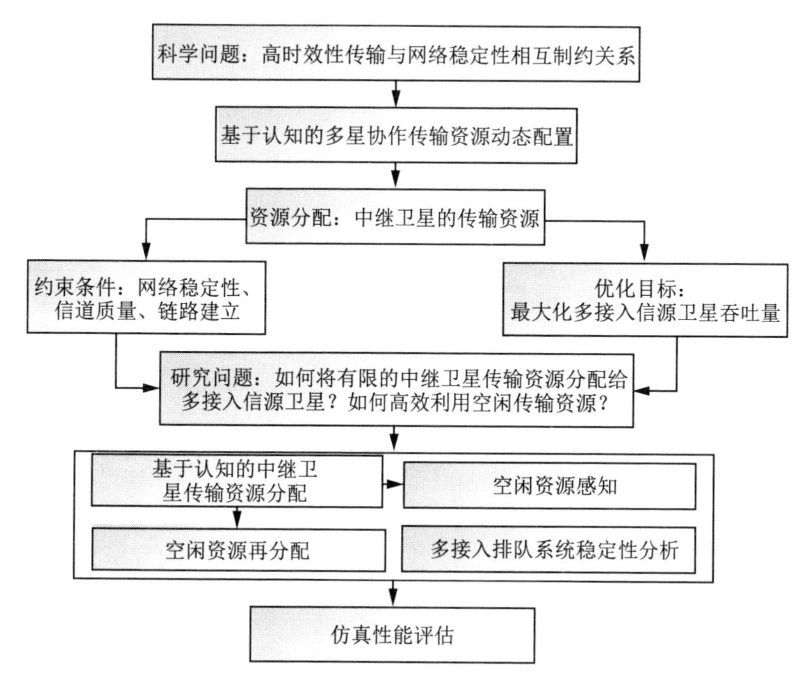

图 1.2 基于认知的多星协作传输资源动态配置研究思路

发特性的业务需求，在多源卫星数据回传的过程中，地面站将接收来自不同卫星的不同业务数据，这种情况下，资源配置机制与业务特性的适应性必然会影响网络传输性能的发挥。因此，需要从挖掘空间信息网络的异质异构网络资源与业务特性的动态协调机理这一科学问题出发，研究基于业务特性分析的网络资源动态配置，即将挖掘到的业务特征用于网络的资源配置中，从而实现网络传输性能的优化。

针对地面站同时接收来自多颗卫星不同业务数据的场景，本书的第二项研究内容就是探索如何将地面接收站的传输服务资源动态分配给不同卫星，完成多源业务数据的高效回传任务。首先，本书将分析场景建模为多接入卫星的排队系统模型。为提高不同卫星数据回传的时效性、业务适应性以及地面站的传输服务资源使用效能，本书引入基于地面云服务器的集中式数据接收转发系统，通过该服务器实现对不同业务流量的感知、分析和预测，并采用适当的传输服务资源分配策略，将接收到的卫星数据转发至相应的业务部门或用户。与第一项研究内容相似，本项研究同样需要对信道质量等星地传输链路状态进行建模，然后，在满足地面云服务器功率、服务速率等约束条件下，对网络传输的时效性和资源效能进行优化。接下来，针对建立的系统模型，要探索网络资源与业务特性之间的动态协调机理，需要研究以下两个方面的问题：

（1）业务特性分析和预测；

（2）资源分配机制与业务特性之间的协调。

首先，在业务特性分析方面，本书以目前卫星系统中日益增加的多媒体传输业务为需求背景，以流量最高、特性最复杂的视频业务为例，对其流量特性进行分析和预测。目前研究发现，视频流量具有长时相关特性，因此呈现出突发性、自相似性等特征，这种特征会为流量分析和预测带来困难。针对这一问题，本书引入了离散小波变换（discrete wavelet transform，DWT)，将视频流量的特征分解、表征为多维度的低频成分（近似特征）和高频成分（细节特征)，使各维成分包含更少的频率分量，从而提高学习和预测的准确度。为了提取视频流量在不同维度的特征，本书引入基于反向传播算法（backpropagation，BP）的人工神经网络（artificial neural network，ANN）实现特征学习和流量准确预测。基于 DWT 分解和 BP 神经网络，本书建立了面向视频业务的流量预测系统。

其次，基于得到的视频流量预测信息，本书进一步研究了如何将业务预测信息应用于网络的资源动态配置中，用以提高系统传输性能，并提出了基于预测背压（predictive backpressure，PBP）的传输服务资源分配策略。背压原理（backpressure）从水流动力学中得到启发：在多分支的管道系统中，水流趋向于从水压力高的地方流向压力低的分支，从而实现在整个系统中的高速扩散。背压原理最早应用于网络的路由及资源管理控制等问题优化，实现数据的高时效传输。本书借鉴这种思想，通过对未来到达流量的预测信息，为可能造成数据积压的卫星分配更多的传输服务资源，从而避免网络中可能造成的数据拥塞问题，并提高传输效率。这项研究主要包含三个方面。首先，为提高系统传输服务能力的时效性，本书建立了预服务机制模型，这一模型能够通过得到的未来流量到达预测信息，预先为未来到达数据分配传输功率和服务速率；其次，基于预服务机制，本书分析了卫星数据在经历一系列预服务过程中的数据缓存队列长度的动态变化；最后，基于各卫星未来到达的数据流量以及相应的缓存队列长度分析，提出了基于预测背压的资源分配策略。通过应用这种预测背压优化机制，实现了资源分配策略设计与传输业务特性之间的相互协调，从而优化了网络传输的时效性。最后，本书通过仿真实验，验证了提出的基于多源业务特性预测的资源分配机制对系统传输时效性以及资源利用效能的提升。

综上所述，图 1.3 总结了本书提出的基于业务特性预测的资源分配的研究思路。

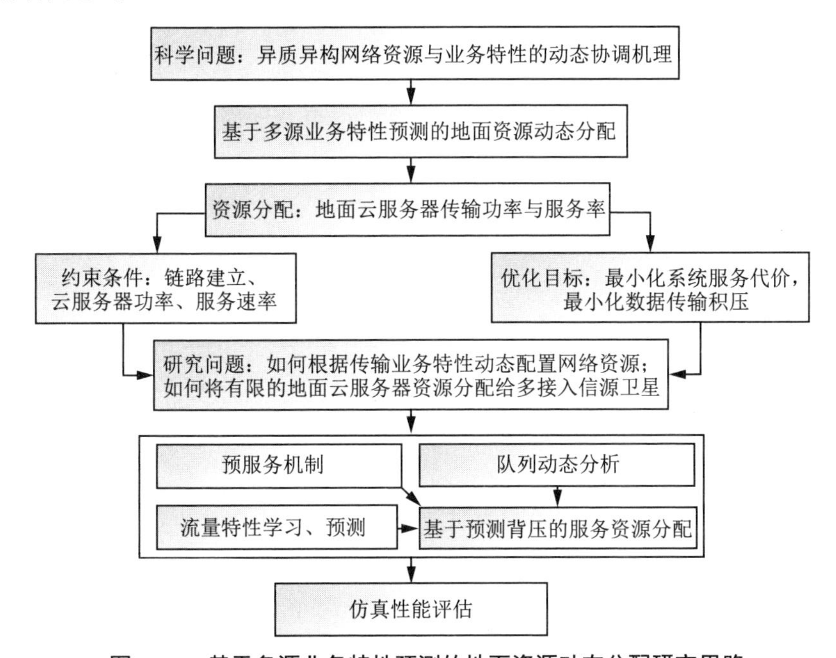

图 1.3 基于多源业务特性预测的地面资源动态分配研究思路

1.3.3 基于协作波束成形的星地混合网络安全传输

如 1.2.3 节所述，本书重点讨论面向星地–地面混合通信网络（satellite-terrestrial hybrid network，简称星地混合网络）安全传输与干扰控制的资源优化配置问题。在星地–地面混合通信网络中，星地传输需要克服开放环境带来的安全威胁，根据物理层安全理论，要实现安全传输、提高加密容量，需要提高地面合法 FSS 终端接收的 SINR。然而，依据相关决议，星地传输需要保障地面网络通信质量，控制星地传输对地面通信网络的干扰，而这一要求必然对 FSS 终端接收的 SINR 产生制约。因此，要实现星地传输和地面网络的资源协同优化，解决安全传输与干扰控制这两个需求之间的矛盾，本质问题是要从挖掘星地–地面混合通信网络中协同干扰控制与安全可靠传输的相互作用机理这一科学问题出发，将星地传输与地面通信之间的共信道干扰转化为实现安全通信的助力，从而指导网络资源的优化配置。

近年来，随着 5G 网络的高速发展，mmWave 技术与多天线技术因其所能带来的大容量、低延迟等传输增益，得到了广泛关注。因此，本书第三项研究内容讨论的资源配置就是指基于 mmWave 与多天线技术设计卫星与地面基站的波束成形机制。针对星地–地面通信网络融合场景下的安全传输与干扰控制问题，考虑系统中卫星及地面基站均搭载多天线，FSS 终端及移动终端搭载单天线，首先建立基于 mmWave 通信的信道干扰模型、窃听信道模型以及基于物理层安全的安全传输模型。为进一步提高星地传输的安全性，本书将人工噪声信号（artificial noise，AN）引入到卫星的发射信号中，由于该信号对地面合法接收的 FSS 终端具有可知性，因此，可以在不影响合法终端传输质量的前提下，提高对窃听节点的干扰，从而降低窃听节点的接收 SINR。针对建立的系统模型，要揭示并利用协同干扰控制与安全可靠传输的相互作用机理，需要研究以下两个方面问题：

（1）满足干扰控制约束的安全传输优化问题建模；

（2）基于协作传输的波束成形机制设计。

首先，在干扰控制安全传输优化问题建模中，优化变量是卫星的波束成形向量及 AN 信号设计，优化目标是最大化星地通信中合法 FSS 终端的可达安全传输速率，基于加性高斯白噪声（additive white Gaussian noise，AWGN）信道中加密容量的概念，将这一安全速率定义为被窃听 FSS 终端的信道容量与窃听节点的信道容量之差。为保证地面通信网络的通信质量，将移动终端的接收 SINR 作为约束条件，用以控制卫星信号对地面移动终端的干扰；同时，考虑 FSS 终端接收的 SINR 要求，并满足卫星发射功率的限制，建立相应的约束条件。通过上述分析，本书建立了基于干扰控制的星地安全传输优化问题，提出了非协作的安全传输波束成形机制（non-cooperative secure transmission beamforming，NCoSTB）。

另一方面，地面基站与其移动用户终端之间的通信同样会对星地通信造成干扰，如果在地面通信网络与星地通信之间建立协作波束成形机制，将地面基站的波束成形向量进行优化，在满足其用户接收质量的前提下，降低对 FSS 终端的干扰，同时增强对窃听节点接收的干扰影响，将进一步提高星地通信的安全性。基于这一思想，在已经建立的 NCoSTB 机制基础上，本书将地面基站的波束成形向量与卫星波束成形向量、AN 信号一同作为优化变量，补充地面基站的传输功率约束，建立基于协作干扰控制的星地安全传输优化问题，提出了基于协作的安全传输波束成形机制（cooperative secure transmission beamforming，CoSTB）。

为得到安全传输的优化波束成形向量与 AN 信号，需要求解针对 NCoSTB 机制与 CoSTB 机制所建立的非凸优化问题。在多天线场景下，卫星与地面基站的波束成形向量以及卫星 AN 信号通常具有较高的维度，这种优化变量的高维度必然会导致非凸优化问题求解的困难以及计算复杂度的提高。协作粒子群算法（cooperative particle swarm optimization，CPSO）在求解非凸优化问题上具有很好的性能，其缺点是可能导致局部最优解和在高维优化变量求解中较低的算法效率。为实现优化问题的高效求解，本书对传统 CPSO 算法进行改进，提出基于路径追踪的 ICPSO（Iterative CPSO）算法，将原非凸优化问题通过 Taylor 展开近似转化为凸面二次规划（convex quadratic programming）问题，并通过路径追踪迭代搜索最优解。通过这种基于迭代的二次规划近似，能够极大程度提高算法收敛速度，并改善局部最优解的收敛情况。最后，本书通过仿真实验，验证了提出的基于协作的波束成形机制能够极大提高一体化网络中星地传输的安全传输速率，并实现星地通信与地面通信之间的干扰控制。此外，仿真结果也验证了本书提出的优化算法在最优解搜索及收敛速度方面的改进。通过这项研究，能够为天地一体化网络实现过程中必然要解决的传输干扰和安全问题提供有效的解决思路和手段。

综上所述，图 1.4 总结了本书提出的安全传输与干扰控制机制的研究思路。

1.3.4 高动态网络时间累积复杂性及其在资源配置的应用

如 1.2.4 节所述，本书重点讨论空间信息网络中的高动态建模及复杂性对网络资源优化配置的影响。空间信息网络具有尤其显著的高动态特

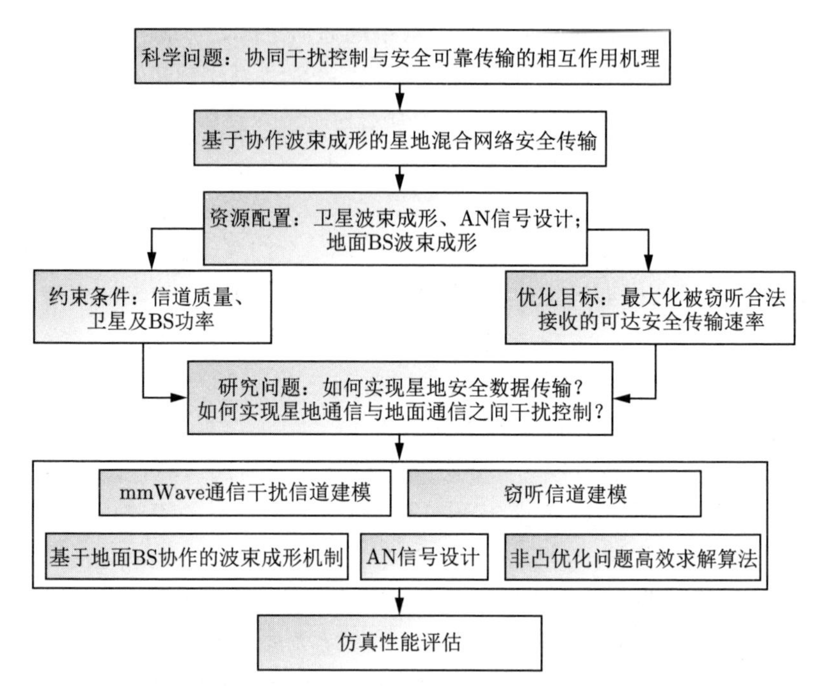

图 1.4 基于协作波束成形的星地混合网络安全传输研究思路

性，这种高动态性必然隐藏单一时隙或小时间尺度无法显现或不能真实反映的特征，这些隐含特征会影响网络资源管理机制及性能发挥。因此，需要从探索空间信息网络高动态特性对网络性能的影响作用机理这一科学问题出发，挖掘出高动态下所隐藏的网络结构特征，进而指导空间信息网络的资源优化配置。

同时，复杂网络理论可以用于网络动态演化分析，并通过度分布、介数这些指标揭示出网络连通性、节点重要性等网络特征。将复杂网络理论应用于空间信息网络的结构分析，能否获得传统通信网络分析方法无法发现的特征？为探索空间信息网络的复杂性，本书首次将复杂网络理论应用到空间信息网络中，从复杂性角度对网络高动态下的特征进行挖掘，指导网络资源管理。然而，传统复杂网络理论在空间信息网络的分析中具有不适用性。首先，网络中卫星的数量受限，基于统计特性的分析方法在节点数极为有限的情况下难以得到有效的结果；同时，高动态的网络环境、严苛的星间链路建立规则必然导致单一时隙内网络连接呈现极弱的连通性，这就导致了网络中不可能存在具有较大节点度的卫星节点，一些传统复杂网络具有的特性在单一时隙的空间信息网络拓扑中将难以存在。如何挖掘高动态网络下的复杂特性，揭示出高动态所隐含的复杂性特征？针对这一问题，本书尝试在不同时间尺度上对多个时隙内的空间信息网络拓扑进行累积，提出了时间累积时变图模型 C-TVG，通过这种方式将单一卫星节点拓展到不同时隙内，使网络连通度得到提高，并将空间信息网络的复杂特征呈现出来。

接下来，为探索网络高动态及复杂特性对网络性能的影响，本书应用复杂网络理论，设计了以节点度为依据的星间链路建立准则，并基于单个时隙建立的网络拓扑提出了 C-TVG 生成算法。通过仿真实验，验证了这一基于累积节点度的 C-TVG 生成算法能够有效挖掘出空间信息网络的复杂特性，并以网络安全攻防场景作为应用范例，验证了将基于 C-TVG 模型的累积复杂特性应用到空间信息网络的攻击/防御资源优化管理中，能够有效提高对网络的攻击/防御效果。

综上所述，图 1.5 总结了本书提出高动态建模与复杂特性分析的研究思路。

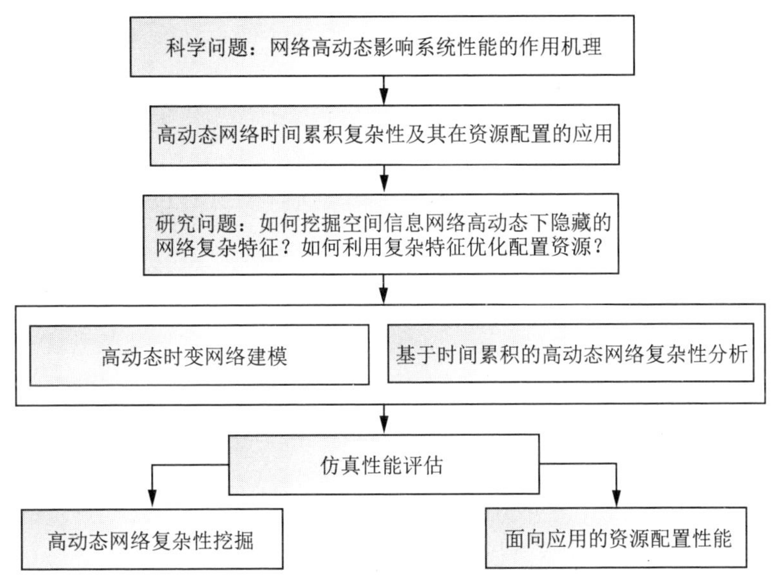

图 1.5　高动态网络时间累积复杂性及其在资源配置的应用研究思路

1.4 本书的内容安排

本书针对空间信息网络资源动态配置相关问题展开研究，包括资源协同、随需动态、安全传输和高动态建模 4 个方面，全书分为 6 章。第 1 章介绍了本书的研究背景，提出了空间信息网络资源配置中的关键问题，并归纳了本书的研究内容、主要贡献和创新点。第 2~5 章为本书主体，详细阐述了本书的所有研究工作。

第 2 章研究了基于认知的多星协作传输资源动态配置。首先建立了基于 GEO 中继卫星和 LEO 中继卫星的多接入协作传输系统的排队网络模型；之后，设计了基于认知的协作传输协议，分别对 GEO 中继卫星的带宽资源和 LEO 中继卫星的时隙资源进行分配；接着，应用排队理论，分析和推导了两个协作传输排队系统的稳定域；基于稳定域建立优化问题，对不同中继卫星的传输资源进行优化配置；最后通过仿真验证了提出的协作协议及资源分配机制的性能和有效性。

第 3 章研究了基于多源业务特性预测的地面资源动态分配。首先，建立了基于地面云处理的多接入卫星排队系统模型，对云服务器的传输服务资源进行分配管理；接着，设计了预服务机制，用以提高系统服务时效性；为实现预服务机制，首先构建了基于 DWT 的 BP 神经网络流量预测系统，并使用预测信息，提出了基于预测背压的传输服务资源分配策略；最后通过仿真验证了设计的预测系统的准确性和资源分配策略对系统传输时效性的改进。

第 4 章研究了基于协作波束成形的星地混合网络安全传输。首先，构建了星地–地面混合通信网络窃听场景的系统模型，并建立了系统中合法信道和窃听信道模型；针对混合网络中星地通信与地面通信的共信道干扰和安全传输问题，对卫星波束成形、AN 信号以及地面基站波束成形进行优化设计，提出了协作安全传输波束成形机制；之后，为高效求解建立的优化问题，设计了基于路径追踪及凸二次规划的协作粒子群算法；最后，通过仿真验证了提出的波束成形机制对系统性能的改进，以及所设计优化算法的高效收敛性能。

第 5 章研究了高动态网络时间累积复杂性及其在资源配置的应用。

首先，为揭示出高动态下隐含的空间信息网络特征，首次提出了时间累积时变图模型，并将复杂网络理论应用于空间信息网络中，对时间累积拓扑结构进行特征挖掘；之后，提出了面向空间信息网络的时间累积时变图生成算法，该算法的创新点在于，将节点的度分布特性引入到星间链路的建立准则中；最后，通过仿真验证了时间累积时变图生成算法及复杂性分析在空间信息网络中的合理性和有效性，并通过网络攻防场景的应用，验证了基于该方法的资源配置机制对网络性能的提升。

第 6 章对全书研究工作及创新点进行总结，并提出研究展望。

第 2 章　基于认知的多星协作传输资源动态配置

2.1　引　言

目前，全球在轨卫星数已达 1700 余颗，其中，我国在轨卫星已超过 200 颗，位列全球第二[1]。这些卫星部署于不同轨道，在对地观测、定位导航、广播通信等领域起到至关重要的作用。目前，对地观测卫星主要部署在低地球轨道（LEO），轨道高度为 300～1000 km。部署在这一高度范围，能够有效获取高分辨率地球表面及大气数据。然而，LEO 卫星轨道速度极高，重返周期长，同时，由于地面站接收范围受限，导致 LEO 卫星无法与地面建立稳定连续的传输连接。

近年来，空间信息网络体系架构、高速传输研究得到广泛关注。通过多卫星及卫星系统之间网络化的协作探测与传输，空间信息网络能够实现实时数据获取与回传 [74-75]。然而，这些卫星及卫星系统面向不同的探测任务，其探测和传输通信能力差异大，针对这些功能及性能上的差异，如何研究空间信息网络高速传输与网络稳定之间的相互制约作用，设计高效的协作和资源分配机制，是实现空间信息网络高效数据获取与传输亟待解决的问题。本章将针对空间信息网络中传输资源功能和性能的差异特性，研究数据中继卫星（data relay satellite，DRS）的协作机制与传输资源动态分配。

数据中继卫星的两种类型如下：

空间信息网络中，通过引入数据中继卫星进行协作传输，能够有效提高 LEO 卫星与地面站的连接稳定性和连续性。具体来说，LEO 卫星获取数据后，首先通过星间链路（ISL）将数据及时传输至能够与地面站建立连接的中继卫星，然后通过星地链路（SGL）由中继卫星传输至地面站[76-78]。目前，许多国家都已部署了 DRS 来实现稳定高速的数据回传，如美国国家航空航天局（NASA）的跟踪和数据中继卫星（tracking and data relay satellite system，TDRSS）[79-80]，这些 DRS 大多部署于地球同步轨道（GEO），扩展 LEO 卫星与地面连接范围，并提供与地面站稳定的回传链路，因此 DRS 通常特指 GEO 中继卫星。

然而，当 GEO 中继卫星不可接入，或者正在执行更高优先级的传输任务时，则无法提供额外的协作传输资源。此时，如果无法与地面站建立可视连接的 LEO 卫星需要将高时效性数据及时回传至地面，则需要寻找其他可用的空间传输资源提供协作中继服务。针对这种情况，本章引入过顶且没有紧急数据回传任务的中低轨道卫星作为中继卫星，为 LEO 卫星提供及时的数据中继回传。

针对上述中继卫星类型，本章将分析两种场景下空间信息网络不同类型中继卫星的资源分配问题，即对 GEO 中继卫星和 LEO 中继卫星设计资源分配和协作传输协议。通过应用两种资源分配方法，可以实现对空间信息网络中中继资源的高效利用，实现高时效数据获取和传输：当 GEO 中继卫星资源可用时，应用 GEO 中继资源分配协议；否则，转换为 LEO 中继协作协议。

本章的研究内容主要分为以下三点：

（1）针对上述两种中继卫星类型，建立了两种空间信息网络协作传输系统，针对每种系统，通过建立排队模型刻画和分析系统中数据到达和服务过程；同时，提出 ON/OFF 链路通断概率模型，描述 LEO 信源卫星、中继卫星以及地面站之间连接链路通断状态。

（2）基于不同轨道中继卫星特点，提出了两种基于认知的多接入系统协作机制与资源分配协议，从而改进资源利用率，并满足不同类型中继卫星特性约束。通过应用设计的两种资源分配协议，多接入系统中 GEO 中继卫星的空闲带宽资源和 LEO 中继卫星的空闲时隙资源能够得到高效利用。

（3）基于提出的资源分配协议，分析并推导得到了两种协议下双接入协作系统的稳定域。针对双接入信源卫星队列之间相互作用的问题，本章引入了基于子系统分析的系统分解方法对两个队列进行解耦，进而推导得到空间信息网络多接入系统的最大稳定吞吐量，为系统优化控制提供重要理论依据。

本章内容安排如下。2.2 节首先建立了系统模型。2.3 节针对 GEO 中继卫星和 LEO 中继卫星系统设计了基于认知的协作机制与资源动态分配协议。在 2.4 节中详细分析并推导得到了两种场景下系统最大稳定吞吐量，即稳定域。2.5 节通过仿真实验验证了设计协议性能以及对网络传输容量和延迟的改进。2.6 节为本章总结。

2.2 系统模型

运行在 GEO 的中继卫星能够与地面站建立稳定持续的连接。通常，GEO 中继卫星具有较强的存储转发能力和更高的传输带宽。因此，在基于 GEO 中继卫星的多接入协作传输（GEO relay based cooperative multiple access，GR-CMA）系统中，假设中继卫星能够同时转发接收自不同 LEO 信源卫星的所有数据。同时，由于中继卫星的上行和下行链路使用不同类型的信道，即星间链路 ISL 和星地链路 SGL，因此中继卫星能够在同一时隙接收和转发数据。此外，由于卫星数量及轨道约束限制，可接入中继卫星的信源卫星数量是有限的，而对于中继卫星，有限的传输和中继能力限制了其提供的可接入卫星数，因此，假设 GEO 中继卫星能够始终提供成功的同步传输。由于当前数据中继卫星强大的传输能力，上述这些假设是合理及可行的。GR-CMA 系统模型如图 2.1 所示。

针对另一场景，即当没有可以使用的 GEO 中继资源时（例如，中继卫星正在执行更高优先级的数据传输任务，无法提供额外的带宽资源），如果 LEO 信源卫星具有高时效性的数据传输需求但不在过境范围内，则需要引入其他正在过境但没有数据回传任务或回传任务优先级较低的 LEO 卫星实现协作通信，完成对信源卫星的数据中继转发服务。这一基于 LEO 中继卫星的多接入协作传输（LEO relay based cooperative multiple access，LR-CMA）系统模型如图 2.2 所示。

针对上述两种中继场景，建模如下。如图 2.1 及图 2.2 所示，空间信息网络多接入协作传输系统由有限数量 $N(<\infty)$ 颗 LEO 信源卫星、一颗（GEO 或 LEO）中继卫星 r，以及一个作为目的节点的地面站 d 构成。

图 2.2 中,使用 $i = 1, 2, \cdots, N$ 表示第 i 颗信源卫星,其数据到达率用 λ_i 表示。地面站 d 可以使用不同信道同时接收来自 LEO 卫星和 GEO 卫星的数据。当有多颗卫星同时具有数据转发需求时，在图 2.1 及图 2.2 所示两种场景下，通过不同策略对不同类型中继卫星的传输资源进行分配。

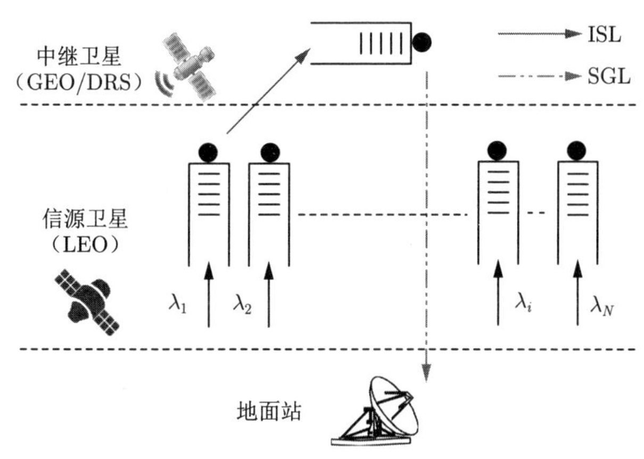

图 2.1　基于 GEO 中继卫星的多接入协作传输系统（GR-CMA 系统）

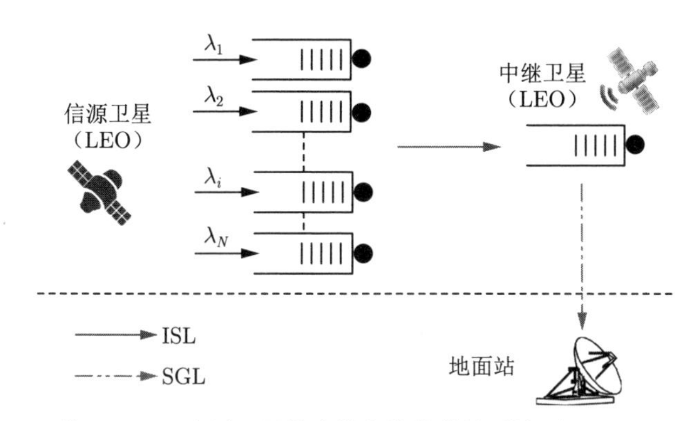

图 2.2　基于 LEO 中继卫星的多接入协作传输系统（LR-CMA 系统）

2.2.1　多接入系统排队模型

本项研究考虑时隙划分信道下的系统排队模型。假设每颗 LEO 信源卫星搭载存储能力有限的数据缓存器，且每颗信源卫星的数据到达过程在不同时隙是独立同分布的，用 λ_i（$i = 1, 2, \cdots, N$）表示第 i 颗信源卫星数据到达率，不同卫星的数据到达过程是独立同分布（independent and identically distributes，i.i.d.）的。用 $\boldsymbol{\omega} = [\omega_1, \omega_2, \cdots, \omega_N]$ 表示资源分配向量，其中，针对 GR-CMA 系统，ω_i（$i = 1, 2, \cdots, N$）表示分配给第 i 颗信源卫星的带宽资源与 GEO 中继卫星总带宽资源之比，针对 LR-CMA 系统，ω_i 表示当前时隙完全分配给第 i 颗信源卫星的概率。进而，所有可行资源分配向量的集合可以表示为

$$\Omega = \left\{ \boldsymbol{\omega} = [\omega_1, \omega_2, \cdots, \omega_N] \in R_+^N \left| \sum_{i=1}^{N} \omega_i \leqslant 1 \right. \right\} \tag{2-1}$$

队列的稳定域分析是通信网络的重要性能指标之一，队列的稳定性可以定义为队列长度是否有限。用向量 $\boldsymbol{Q}(t) = [Q_i(t)]$（$i = 1, 2, \cdots, N$）表示在 t 时隙所有信源卫星的队列长度。本章引入文献 [81] 和文献 [82] 中稳定性的定义。

定义 2.1 当网络中队列 i（$i = 1, 2, \cdots, N$）的队列长度是有限的，即

$$\lim_{t \to \infty} \Pr\{Q_i(t) < x\} = F(x) \quad 且 \quad \lim_{x \to \infty} F(x) = 1 \tag{2-2}$$

则该队列是稳定的。当满足条件

$$\lim_{x \to \infty} \lim_{t \to \infty} \inf \Pr\{Q_i(t) < x\} = 1 \tag{2-3}$$

时，则认为该队列是亚稳定的。

此外，Loynes 在文献 [83] 中提出了定理 2.1 所表述的稳定性判定准则。

定理 2.1 (Loynes' 稳定判据) 在队列系统中，当到达过程与服务过程严格固定，且平均到达率小于平均服务率时，队列是稳定的；当平均到达率大于平均服务率时，则认为队列是不稳定的。

2.2.2 ON/OFF 链路通断概率模型

针对 LEO 信源卫星、中继卫星以及地面站之间链路连接状态，本节将提出 ON/OFF 概率模型对其进行描述。具体地，当连接可以被建立，则称链路状态为“ON”（通），否则链路状态为“OFF”（断）。考虑在长时间尺度内，链路连接状态可以被视为具有一定统计特性的随机过程。

对其作一般化处理，对于任意信源卫星，其与中继卫星和地面站的链路连接状态服从相应的 ON/OFF 概率，且在不同时隙内是独立同分布的。本项研究使用二元函数对链路通断状态进行定义：

$$L_{jk} = \begin{cases} 1, & \text{卫星 } j \text{ 和卫星/地面站 } k \text{ 之间的链路为 ON} \\ 0, & \text{卫星 } j \text{ 和卫星/地面站 } k \text{ 之间的链路为 OFF} \end{cases} \tag{2-4}$$

本节将以 GR-CMA 系统为例，分析星间链路和星地链路的连接状态，系统的 ON/OFF 链路通断模型如图 2.3 所示。

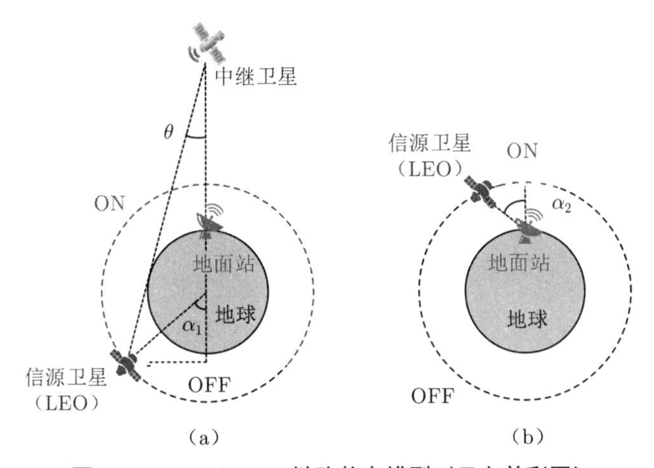

图 2.3　ON/OFF 链路状态模型（见文前彩图）

2.2.2.1　星间链路连接状态

以 LEO 信源卫星与中继卫星之间的可视性作为星间链路建立准则。因此，图 2.3 中由地球表面切线决定的 LEO 卫星轨道蓝色部分表示链路可建立范围，此时链路状态为“ON”。由于地球自转及 LEO 卫星轨道模式，如 SSO 或 Walker Delta Pattern 星座轨道[84]，LEO 卫星运动轨迹会形成基于其轨道半径的球面区域。从而，星间链路可连接范围由图 2.3(a) 所示蓝色部分确定的球顶区域构成。

基于上述分析，本项研究推导得到 LEO 信源卫星 i 与 GEO 中继卫星 r 之间链接状态为“ON”的概率，如式 (2-5) 所示：

$$p_{1(i)} \triangleq \Pr\{L_{ir} = 1\} = 0.5\left(1 + \cos\alpha_{1(i)}\right) \tag{2-5}$$

其中，$\alpha_{1(i)}$ 通过式 (2-6) 计算得到：

$$\sin\alpha_{1(i)}=\left(\sqrt{R_i^2-R_{\mathrm{E}}^2}+\sqrt{R_r^2-R_{\mathrm{E}}^2}\right)R_E/R_iR_r \tag{2-6}$$

其中，R_{E}，R_i 和 R_r 分别表示地球半径、LEO 卫星轨道半径和地球同步轨道半径。在 2.3 节和 2.4 节中，$p_{1(i)}$ 表示统计意义下第 i 颗 LEO 卫星与 GEO 中继卫星的连接概率。

2.2.2.2 星地链路连接状态

当 LEO 信源卫星位于地面站最大接收范围内时，该卫星可以通过星地链路直接向地面站进行数据回传。地面站接收范围取决于其最大接收仰角，如图 2.3(b) 中 α_2（$0<\alpha_2\leqslant\pi/2$）所示。图 2.3(b) 中蓝色弧线所确定的范围即为 LEO 卫星可直接与地面站建立通信的范围。类似于 2.2.2.1 节中的分析，本项研究推导得到 LEO 卫星 i 与地面站 d 之间链路状态为“ON”的概率为

$$\begin{aligned}p_{2(i)}&\triangleq\Pr\{L_{id}=1\}\\&=0.5\left[1-\rho_i\sin^2\alpha_2-\cos\alpha_2\sqrt{1-(\rho_i\sin\alpha_2)^2}\right]\end{aligned} \tag{2-7}$$

其中，$\rho_i=R_i/R_{\mathrm{E}}$。在 2.3 节和 2.4 节中，$p_{2(i)}$ 表示统计意义下第 i 颗 LEO 卫星与地面站之间建立连接的概率。

由式 (2-5)~ 式 (2-7) 得到相应的条件概率为

$$\begin{aligned}p_{3(i)}&\triangleq\Pr\{L_{id}=1|L_{ir}=1\}=\frac{\Pr\{L_{id}=1\cap L_{ir}=1\}}{\Pr\{L_{ir}=1\}}\\&=\frac{\Pr\{L_{id}=1\}}{\Pr\{L_{ir}=1\}}=\frac{p_{2(i)}}{p_{1(i)}}\end{aligned} \tag{2-8}$$

$$\Pr\{L_{id}=0|L_{ir}=1\}=1-p_{3(i)} \tag{2-9}$$

其中，$p_{3(i)}$ 表示当第 i 颗卫星可以与地面站建立连接的同时也能与 GEO 中继卫星建立连接的概率。

针对图 2.2 所示的 LR-CMA 系统，链路 ON/OFF 通断模型分析类似，可以得到与式 (2-5)~ 式 (2-9) 一致的结果，不同的是，该场景在图 2.3 中，数据中继卫星部署在低地球轨道，此时 R_r 表示 LEO 中继卫星轨道半径。

2.2.3 信道模型

在空间信息网络传输中，视距（line of sight，LOS）路径分量的能量远强于散射路径能量。因此，通常使用莱斯衰落（Rician fading）与加性高斯噪声（AWGN）信道对信源卫星、中继卫星以及地面站的通信信道进行建模。基于此信道模型，中继卫星及地面站在 t 时隙的接收信号表示如下：

$$y_{ij}^t = \sqrt{Gd_{ij}^{-\gamma}} h_{ij}^t x_i^t + n_{ij}^t \tag{2-10}$$

其中，针对星间链路，i 表示信源卫星，j 表示中继卫星，而对于星地链路，i 表示中继卫星，j 表示地面站；x_i 为节点 i 的发送数据，G 为传输功率，d_{ij} 表示节点 i 与 j 之间的距离，γ 表示路径衰落指数；此外，n_{ij}^t 表示在 t 时隙，i 与 j 之间独立同分布的加性高斯噪声，其均值为零，方差为 N_0[85-86]。式 (2-10) 中，$h_{ij} = X_1 + jX_2$ 建模为循环对称复高斯（circularly symmetric complex Gaussian）随机变量，表示信道衰落系数，其中，$X_1 \sim \mathcal{N}(\mu_1, \sigma^2/2)$ 以及 $X_2 \sim \mathcal{N}(\mu_2, \sigma^2/2)$ 均为高斯随机变量，进而，$|h_{ij}|$ 的分布由莱斯概率密度函数表示如下：

$$f_{|h_{ij}|}(h) = \frac{2h}{\sigma^2} \exp\left[\frac{-(h^2+s^2)}{\sigma^2}\right] \mathrm{I}_0\left(\frac{2sh}{\sigma^2}\right) \tag{2-11}$$

其中，$s^2 = \mu_1^2 + \mu_2^2$ 为 LOS 信号功率，$\mathrm{I}_0(\cdot)$ 为第一类零阶修正贝塞尔函数（zero-order modified Bessel function of the first kind）[87-88]。由此得到节点 i 与 j 之间的信噪比（signal-to-noise ratio，SNR）表示为

$$\mathrm{SNR}_{ij} = \frac{|h_{ij}|^2 d_{ij}^{-\gamma} G}{N_0} \tag{2-12}$$

其中，$|h_{ij}|^2$ 服从非中心卡方分布（non-central Chi-square distribution，$\mathcal{X}^2$），其概率密度函数为

$$f_{|h_{ij}|^2}(h) = \frac{K+1}{\Omega} \exp\left[-K - \frac{(K+1)h}{\Omega}\right] \mathrm{I}_0\left(2\sqrt{\frac{K(K+1)h}{\Omega}}\right) \tag{2-13}$$

在式 (2-13) 中，$\Omega = s^2 + \sigma^2$ 为 LOS 信号和散射信号的总功率，$K = s^2/\sigma^2$ 为 LOS 信号和散射信号的功率比 [88-89]。接下来，本项研究引入中断事件和中断概率来刻画数据包传输与接收失败。将 SNR 小于给定

的 SNR 阈值 β 定义为中断事件发生的条件，即数据包无法成功发送和接收 [85,90-91]，则该中断事件可以表示为

$$\{h_{ij}:\mathrm{SNR}_{ij}<\beta\}=\left\{h_{ij}:|h_{ij}|^2<\frac{\beta N_0 d_{ij}^{\gamma}}{G}\right\} \tag{2-14}$$

基于上述定义，当给定 SNR 阈值 β 时，节点 i 与 j 之间数据包成功传输的概率为

$$\begin{aligned} f_{ij} &\triangleq \Pr\{C_{ij}\}=\Pr\left\{|h_{ij}|^2\geqslant\frac{\beta N_0 d_{ij}^{\gamma}}{G}\right\} \\ &=\int_{\frac{\beta N_0 d_{ij}^{\gamma}}{G}}^{+\infty}\frac{K+1}{\Omega}\exp\left[-K-\frac{(K+1)h}{\Omega}\right]\mathrm{I}_0\left(2\sqrt{\frac{K(K+1)h}{\Omega}}\right)\mathrm{d}h \end{aligned} \tag{2-15}$$

其中，C_{ij} 表示节点 i 与 j 之间数据包成功传输接收事件。

2.3 基于认知的中继协作机制与资源动态分配协议

通过 GEO 或 LEO 中继卫星的协作传输，LEO 卫星获取观测数据后在无法与地面站建立可视连接的情况下，仍有机会实现及时的数据回传，特别是当中继卫星部署在地球同步轨道，能够与地面站建立全时全天候的连接，LEO 卫星与地面站的连接稳定性能够得到显著提高。另一方面，对于中继卫星，其传输资源，即 GEO 中继带宽资源及 LEO 传输时间资源是有限的；同时，由式 (2-5) 可以看到，中继卫星可被 LEO 卫星接入的机会，即 $L_{ir}=1$，也是有限的，特别是针对 LEO 中继，LEO 信源卫星与其建立连接的机会更加受限。因此，LEO 卫星需要最大化利用可以使用的中继传输资源。在非认知机制下，中继传输资源可以基于不同的资源分配策略分配给多颗接入卫星，如基于接入卫星的数量及轨道特征进行资源分配。在这种机制下，当接入中继卫星的信源卫星没有数据包发送任务时，预先分配给该卫星的传输资源将被浪费。

为解决对上述资源无法有效利用的问题，本节针对 GR-CMA 系统和 LR-CMA 系统，提出两种基于认知的中继卫星协作机制与传输资源动态分配策略。本项研究假设中继卫星具有感知通信信道空闲状态的能力，即能够感

知 GR-CMA 系统的空闲带宽资源与 LR-CMA 系统的空闲时隙资源。同时，忽略 ACK 反馈数据包延迟及误码①。本节引入与文献 [85] 中类似的传输失败处理方法：发送节点（包括信源卫星和中继卫星）可以确认传输数据包是否正确成功发送至相应的目的节点，如果传输失败，发送节点将该数据包保存在其队列首部，并在下一时隙重新发送。接下来将分别介绍本项研究设计提出的两种中继卫星基于协作机制的资源分配协议。

2.3.1 GEO 中继卫星带宽资源协作分配协议

针对多颗信源卫星通过 GEO 中继卫星实现协作传输的情况，本节对 GEO 中继的带宽资源进行合理分配，从而实现 GEO 中继传输效率和带宽资源利用率的改进。考虑 GEO 中继卫星强大的传输能力和带宽资源，假设其可以同时使用星间链路和星地链路实现信源卫星数据的接收和转发。此外，当 LEO 卫星能够与地面站直接建立连接时，即 $L_{id}=1$，此时该 LEO 卫星通过星地链路向地面站进行数据回传。这一传输设置是合理的，因为对于当前在轨运行的探测卫星，已经部署相应的地面接收站，可以实现这些卫星获取数据的过顶传输。

考虑 N 颗 LEO 信源卫星中，有 M 颗卫星可以与 GEO 中继建立连接而无法连接至地面站，此时需要将 GEO 中继的带宽资源分配给 M 颗 LEO 卫星，使用 $\boldsymbol{\Omega}=[\omega_1,\omega_2,\cdots,\omega_M]$ 表示带宽分配向量，其中 $\omega_i(i=1,2,\cdots,M)$ 表示分配给第 i 颗信源卫星的带宽资源与 GEO 总带宽资源之比。针对 GR-CMA 系统，算法 1 总结了本节所设计的基于认知协作的带宽资源分配协议（cognitive and cooperative bandwidth allocation protocol，CCBA）。

算法 1　基于认知协作的带宽资源分配协议（CCBA）

1: **for** 所有时隙 **do**
2: 　**for** 所有信源卫星 $i=1,2,\cdots,N$ **do**
3: 　　**if** $L_{id}=1$ **then**

① 在实际空间信息网络通信中，ACK 反馈数据包延迟及错误接收是可能发生的，这种情况将导致相应的数据包发送失败。根据本节设计的资源分配协议，发送失败的数据包将作为新任务被重新发送，这种情况会导致相应的接收节点（即中继卫星和地面站）在接收数据时存在延迟和错误，但对系统及协议运行没有影响。此外，在 2.4 节的稳定域分析中，这一假设仍然合理，即将由于 ACK 反馈的延迟和错误接收等价为成功接收概率 f_{ij} 的降低。

```
4:          卫星 i 使用星地链路向地面站传输其队首数据包；
5:      else
6:          if L_ir = 1 ∩ L_id = 0（i = 1,2,···,M） then
7:              if M ⩾ 2 then
8:                  以分配向量 Ω = [ω_1,ω_2,···,ω_M] 分配 GEO 中继卫星带宽资源：
9:                  if 接入卫星 i 链路状态由 L_id = 0 转变为 L_id = 1 then
10:                     原本分配给卫星 i 的带宽重新分配给其他满足 L_id = 0 的卫星；
11:                 end if
12:                 if 接入卫星 i 没有数据发送任务 then
13:                     原本分配给卫星 i 的带宽重新分配给其他满足 L_id = 0 的卫星；
14:                 end if
15:             end if
16:             if 仅有一颗卫星 i 满足 L_ir = 1 ∩ L_id = 0，即 M = 1 then
17:                 对卫星 i 分配带宽资源 ω_0（ω_i < ω_0 ⩽ 1）。
18:             end if
19:         end if
20:     end if
21:   end for
22: end for
```

2.3.2 LEO 中继卫星时隙资源协作分配协议

与 GEO 中继卫星不同，作为中继节点的 LEO 卫星不是专门部署用于中继转发任务的数据中继星，其传输带宽资源有限，针对 GEO 中继卫星的带宽资源分配策略不再适用。此外，与 GEO 中继卫星不同，LEO 中继卫星无法与地面站建立稳定连续的回传链路。因此，针对 LEO 中继卫星资源特征，本节设计一种基于时分多址接入（time division multiple access，TDMA）的资源分配策略，对 LEO 中继卫星的时隙资源进行动态分配。

与 CCBA 协议不同，该时隙分配协议要求每一时隙仅能分配给一颗接入卫星。在这一约束条件下，本节考虑 N 颗 LEO 信源卫星中，有 M 颗卫星满足 $L_{ir}=1$，使用向量 $\boldsymbol{\Omega}=[\omega_1,\omega_2,\cdots,\omega_M]$ 表示时隙分配向量，其中 ω_i（$i=1,2,\cdots,M$）表示将当前时隙分配给第 i 颗 LEO 信源卫星的概率。针对 LR-CMA 系统，算法 2 总结了本节所设计的基于认知协作的时隙资源分配协议（cognitive and cooperative timeslot allocation protocol，CCTA）。

算法 2 基于认知协作的时隙资源分配协议（CCTA）

```
1: for 时隙 t = 1,2,··· ,M do
2:   for 所有信源卫星 i = 1,2,··· ,M do
3:     if L_id = 1 then
4:       卫星 i 使用星地链路向地面站传输其队首数据包;
5:     else
6:       if L_ir = 1 ∩ L_id = 0（i = 1,2,··· ,M） then
7:         以分配向量 Ω = [ω_1, ω_2, ··· , ω_M] 分配 LEO 中继卫星时隙资源:
8:         if 地面站正确接收到数据包 then
9:           地面站发送 ACK 反馈;
10:          接收到 ACK 反馈后，LEO 中继及卫星 i 均删除队列中该数据包;
11:        else
12:          if LEO 中继正确接收到数据包 then
13:            LEO 中继及卫星 i 分别将该数据包保存在其各自的队尾及队首;
14:          end if
15:        end if
16:        if 接入卫星 i 链路状态由 L_id = 0 转变为 L_id = 1 then
17:          LEO 中继使用该时隙发送其队首数据包;
18:        end if
19:        if 接入卫星 i 没有数据发送任务 then
20:          LEO 中继使用该时隙发送其队首数据包;
21:        end if
22:      end if
23:      if 到达 LEO 中继的数据包在之后 M − 1 个时隙均未能成功发送 then
24:        卫星 i 在满足 L_id = 1 时向地面站直接传输;
25:        LEO 中继在其队列中删除该数据。
26:      end if
27:    end if
28:  end for
29: end for
```

2.4 基于系统稳定的中继资源优化分配

本节分别讨论并推导得到 GR-CMA 系统和 LR-CMA 系统的稳定域。系统稳定域（stability region）是指在系统中各传输节点数据缓存队列稳定条件下，系统各节点所能达到的最大吞吐量[85]，它是衡量系统传输能力的重要指标。

2.4.1 GEO 中继卫星双接入系统稳定域及资源分配

基于当前 GEO 数据中继卫星强大的存储与通信能力，本项研究考虑系统中 GEO 中继卫星所搭载的数据缓存器储存能力足够大，可以实时转发接收到的所有数据，因此，中继卫星缓存队列可被认为是始终稳定的。接下来讨论 LEO 信源卫星的队列稳定性。

本节讨论基于 GEO 中继卫星的双接入协作传输系统 S^{G}，该系统由两颗 LEO 信源卫星 $i=1,2$、一颗 GEO 中继卫星 r 以及一个地面站 d 构成，通过 GEO 中继卫星实现为 LEO 信源卫星数据的协作回传，其中，对于信源卫星，数据到达率分别为 λ_1 和 λ_2，地面站可以接收传输自中继卫星和信源卫星的数据。用 L_{ir}（$i=1,2$）表示信源卫星 i 与中继的链路通断状态，因此，系统 ON/OFF 模型存在以下三种可能情况：

（1）$L_{1r}=L_{2r}=0$；

（2）$L_{ir}=1\cap L_{jr}=0$，$\{i,j\in\{1,2\}:i\neq j\}$；

（3）$L_{1r}=L_{2r}=1$。

对于上述第三种情况，两颗 LEO 信源卫星存在以概率 $p_{3(i)}$（$i=1,2$）与地面站建立回传链路的可能。根据算法 1 所示的 CCBA 协议，GEO 中继卫星能够感知信道状态及空闲传输资源，它为一颗卫星提供的带宽资源量取决于另一颗卫星是否能够提供空闲的带宽资源。因此，两颗信源卫星的队列是相互影响的。然而对于队列之间存在相互影响的排队系统稳定性分析是非常复杂的，为解决这一难题，本研究提出系统分解方法，将基于 CCBA 协议的 S^{G} 系统分解为子系统 S_1^{G} 和 S_2^{G}，其中，S_i^{G}（$i=1,2$）定义如下。

定义 2.2 (基于 GEO 中继卫星的双接入协作传输系统分解)　子系统 S_i^{G}（$i=1,2$）结构与系统 S^{G} 相同，并使用 CCBA 协议进行资源分配；与 S^{G} 系统不同的是，在执行 CCBA 协议时，子系统 S_i^{G} 中 GEO 中继仅能感知到来自于信源卫星 i 的数据到达过程，而无法感知另一颗卫星的数据到达，即中继卫星仅能感知到分配给卫星 i 的资源空闲状态。

由定义 2.2 系统分解方法可知，在子系统 S_i^{G}（$i=1,2$）中，中继卫星无法感知卫星 j 没有数据传输导致的空闲资源，无法将空闲资源重新

分配给卫星 i。因此，卫星 i 的队列长度一定不小于原系统 S^{G} 中该卫星的队列长度。通过上述分析可知，子系统 S_1^{G} 和 S_2^{G} 的稳定条件能够保证原系统 S^{G} 稳定，是 S^{G} 系统稳定的充分条件。因此，原系统 S^{G} 的稳定域 $\mathcal{R}\left(S^{\mathrm{G}}\right)$ 可以表示为 $\mathcal{R}\left(S_1^{\mathrm{G}}\right)\cup\mathcal{R}\left(S_2^{\mathrm{G}}\right)$。

2.4.1.1 $\boldsymbol{\omega}=[\omega_1,\omega_2]$ 确定条件下的系统稳定域分析

基于定义 2.2 提出的系统分解方法，接下来针对本节提到的三种情况分别进行分析，首先推导得到了当 ω_0 以及资源分配向量 $\boldsymbol{\omega}=[\omega_1,\omega_2]$ 确定时，系统 S^{G} 的稳定域 $\mathcal{R}_{\boldsymbol{\omega}}\left(S^{\mathrm{G}}\right)$，推导结果见引理 2.1。

引理 2.1 在不同链路通断状态下，给定 ω_0 以及资源分配向量 $\boldsymbol{\omega}=[\omega_1,\omega_2]$，应用 CCBA 协议，则基于 GEO 中继卫星的双接入协作系统 S^{G} 的稳定域为

（1）$L_{1r}=L_{2r}=0$:

$$\mathcal{R}_{\boldsymbol{\omega}}\left(S^{\mathrm{G}}\right)=\{[\lambda_1,\lambda_2]=[0,0]\} \tag{2-16}$$

（2）$L_{ir}=1\cap L_{jr}=0$, $\{i,j\in\{1,2\}:i\neq j\}$:

$$\mathcal{R}_{\boldsymbol{\omega}}\left(S^{\mathrm{G}}\right)=\left\{[\lambda_i,\lambda_j]\in R_+^2\,\middle|\,\lambda_i<\omega_0\left(1-p_{3(i)}\right)f_{ir}+p_{3(i)}f_{id},\lambda_j=0\right\} \tag{2-17}$$

（3）$L_{1r}=L_{2r}=1$:

$$\mathcal{R}_{\boldsymbol{\omega}}\left(S^{\mathrm{G}}\right)=\mathcal{R}_{\boldsymbol{\omega}}\left(S_1^{\mathrm{G}}\right)\cup\mathcal{R}_{\boldsymbol{\omega}}\left(S_2^{\mathrm{G}}\right) \tag{2-18}$$

其中，

$$\begin{aligned}\mathcal{R}_{\boldsymbol{\omega}}\left(S_1^{\mathrm{G}}\right)=\Big\{&[\lambda_1,\lambda_2]\in R_+^2\,\Big|\,\lambda_2<\omega_0\left(1-p_{3(2)}\right)f_{2r}+p_{3(2)}f_{2d}-\\&\frac{(\omega_0-\omega_2)\left(1-p_{3(1)}\right)\left(1-p_{3(2)}\right)f_{2r}}{\left(1-p_{3(1)}\right)\left[\omega_0p_{3(2)}f_{1r}+\omega_1\left(1-p_{3(2)}\right)f_{1r}\right]+p_{3(1)}f_{1d}}\lambda_1,\\&\forall\,\lambda_1<\left(1-p_{3(1)}\right)\left[\omega_0p_{3(2)}f_{1r}+\omega_1\left(1-p_{3(2)}\right)f_{1r}\right]+p_{3(1)}f_{1d}\Big\}\end{aligned} \tag{2-19}$$

$$\begin{aligned}\mathcal{R}_{\boldsymbol{\omega}}\left(S_2^{\mathrm{G}}\right)=\Big\{&[\lambda_1,\lambda_2]\in R_+^2\,\Big|\,\lambda_1<\omega_0\left(1-p_{3(1)}\right)f_{1r}+p_{3(1)}f_{1d}-\\&\frac{(\omega_0-\omega_1)\left(1-p_{3(1)}\right)\left(1-p_{3(2)}\right)f_{1r}}{\left(1-p_{3(2)}\right)\left[\omega_0p_{3(1)}f_{2r}+\omega_2\left(1-p_{3(1)}\right)f_{2r}\right]+p_{3(2)}f_{2d}}\lambda_2,\\&\forall\,\lambda_2<\left(1-p_{3(2)}\right)\left[\omega_0p_{3(1)}f_{2r}+\omega_2\left(1-p_{3(1)}\right)f_{2r}\right]+p_{3(2)}f_{2d}\Big\}\end{aligned} \tag{2-20}$$

如图 2.4 所示，$\mathcal{R}_{\boldsymbol{\omega}}\left(S_1^{\mathrm{G}}\right) \cup \mathcal{R}_{\boldsymbol{\omega}}\left(S_2^{\mathrm{G}}\right)$ 即为引理 2.1 所表述的在资源分配向量 $\boldsymbol{\omega}=[\omega_1,\omega_2]$ 给定条件下，系统 S^{G} 的稳定域。

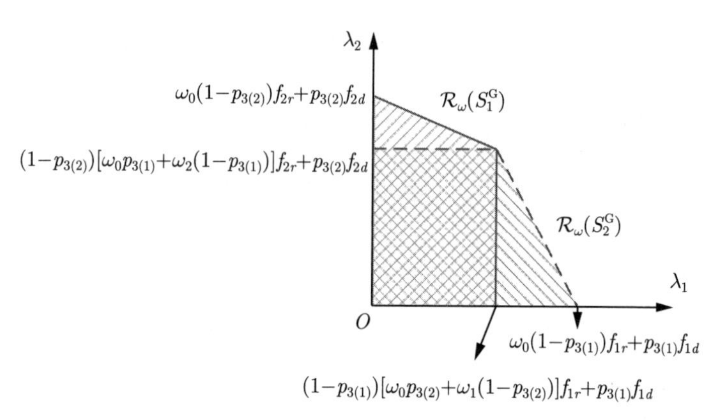

图 2.4　ω 给定条件下 S^{G} 系统稳定域 $\mathcal{R}_\omega\left(S_1^{\mathrm{G}}\right) \cup \mathcal{R}_\omega\left(S_2^{\mathrm{G}}\right)$

证明　(1) $L_{1r}=L_{2r}=0$：该情况下，两颗 LEO 信源卫星均无法与 GEO 中继卫星建立传输链路，因此，到达率必须满足

$$\lambda_1=0 \text{ 且 } \lambda_2=0 \tag{2-21}$$

(2) $L_{ir}=1 \cap L_{jr}=0,\ \{i,j \in \{1,2\}: i \neq j\}$：该情况下，卫星 i 能够与中继卫星建立连接，且由式 (2-8) 可知，i 以概率 $p_{3(i)}$ 满足 $L_{id}=1$，根据 CCBA 协议，此时将不再使用中继卫星转发，而是直接与地面站建立回传链路。当 $L_{ir}=1 \cap L_{id}=0$ 时，分配给卫星 i 的带宽资源为 ω_0 ($0<\omega_0 \leqslant 1$)。假设星地传输资源是相同的，则当 $L_{id}=1$ 时，其用于传输的资源为 1。根据 Loynes' 稳定判据，各队列的到达和服务过程需要满足稳定性条件，用 $Q_i^t\left(S^{\mathrm{G}}\right)$ ($i=1,2$) 表示在 t 时隙系统 S^{G} 中卫星 i 缓存队列长度，则队列长度可由如下的动态过程描述：

$$Q_i^{t+1}\left(S^{\mathrm{G}}\right)=\max\left\{Q_i^t\left(S^{\mathrm{G}}\right)-Y_i^t\left(S^{\mathrm{G}}\right),0\right\}+X_i^t\left(S^{\mathrm{G}}\right) \tag{2-22}$$

其中，$X_i^t\left(S^{\mathrm{G}}\right)$ 为系统 S^{G} 中卫星 i 在 t 时隙的到达数据量，建模为附从均值为 $E\left\{X_i^t\left(S^{\mathrm{G}}\right)\right\}=\lambda_i<\infty$ 的伯努利（Bernoulli）随机过程；$Y_i^t\left(S^{\mathrm{G}}\right)$ 表示在 t 时隙卫星 i 队列中离开的数据量，基于 CCBA 协议，$Y_i^t\left(S^{\mathrm{G}}\right)$ 的概率分布为

$$P\left[Y_i^t\left(S^{\mathrm{G}}\right)=\omega_0\right]=P\left[\left\{L_{id}^t=0\left|L_{ir}^t=1\right.\right\}\cap C_{ir}^t\right] \tag{2-23a}$$

$$P\left[Y_i^t\left(S^{\mathrm{G}}\right)=1\right]=P\left[\left\{L_{id}^t=1\left|L_{ir}^t=1\right.\right\}\cap C_{id}^t\right] \tag{2-23b}$$

因此，$Y_i^t\left(S^{\mathrm{G}}\right)$ 的期望值为

$$E\left\{Y_i^t\right\}=\omega_0\left(1-p_{3(i)}\right)f_{ir}+p_{3(i)}f_{id} \tag{2-24}$$

由 Loynes' 稳定判据可得，卫星缓存队列 i, j 的稳定条件分别为

$$\lambda_i<\omega_0\left(1-p_{3(i)}\right)f_{ir}+p_{3(i)}f_{id} \tag{2-25}$$

$$\lambda_j=0 \tag{2-26}$$

(3) $L_{1r}=L_{2r}=1$：该情况下，两颗 LEO 均以概率 $p_{3(i)}$（$i=1,2$）与地面站建立传输链路。用 $\boldsymbol{\omega}=[\omega_1,\omega_2]$（$0<\omega_1,\omega_2<\omega_0$, $\omega_1+\omega_2\leqslant 1$）表示分配给两颗接入卫星的带宽资源。由定义 2.2 所述系统分解方法可知，系统 S^{G} 的稳定域 $\mathcal{R}_{\boldsymbol{\omega}}\left(S^{\mathrm{G}}\right)$ 可以表示为 $\mathcal{R}_{\boldsymbol{\omega}}\left(S_1^{\mathrm{G}}\right)\cup\mathcal{R}_{\boldsymbol{\omega}}\left(S_2^{\mathrm{G}}\right)$。

接下来首先证明 S_1^{G} 子系统的稳定域。类似于式 (2-23) 的分析过程，对于信源卫星 $i=1$，$Y_1^t\left(S_1^{\mathrm{G}}\right)$ 的概率分布为

$$P\left[Y_1^t\left(S_1^{\mathrm{G}}\right)=\omega_1\right]=P\left[\left\{L_{2d}^t=0\left|L_{2r}^t=1\right.\right\}\cap\left\{L_{1d}^t=0\left|L_{1r}^t=1\right.\right\}\cap C_{1r}^t\right] \tag{2-27a}$$

$$P\left[Y_1^t\left(S_1^{\mathrm{G}}\right)=\omega_0\right]=P\left[\left\{L_{2d}^t=1\left|L_{2r}^t=1\right.\right\}\cap\left\{L_{1d}^t=0\left|L_{1r}^t=1\right.\right\}\cap C_{1r}^t\right] \tag{2-27b}$$

$$P\left[Y_1^t\left(S_1^{\mathrm{G}}\right)=1\right]=P\left[\left\{L_{1d}^t=1\left|L_{1r}^t=1\right.\right\}\cap C_{1d}^t\right] \tag{2-27c}$$

根据 Loynes' 稳定判据，系统 S_1^{G} 中卫星 $i=1$ 的队列稳定条件为

$$\lambda_1<\left(1-p_{3(1)}\right)\left[\omega_0 p_{3(2)}f_{1r}+\omega_1\left(1-p_{3(2)}\right)f_{1r}\right]+p_{3(1)}f_{1d} \tag{2-28}$$

接下来分析 S_1^{G} 子系统中卫星 $i=2$ 队列的稳定性。在 S_1^{G} 中，GEO 中继可以感知卫星 $i=1$ 中的数据到达情况，如果当前时隙该卫星没有数据包发送时，则将带宽资源 ω_0 分配给卫星 $i=2$。当 $\{L_{2d}^t=0\}\cap\{L_{1d}^t=0\}$ 且卫星 $i=1$ 有数据包传输时，分配给卫星 $i=2$ 的带宽资源为 ω_2。此外，当卫星 $i=2$ 直接与地面站传输时，其传输资源为“1”。综上分析得到 $Y_2^t\left(S_1^{\mathrm{G}}\right)$ 的概率分布：

$$P\left[Y_2^t\left(S_1^{\mathrm{G}}\right)=\omega_0\right]=P\left[\left\{L_{2d}^t=0\,\middle|\,L_{2r}^t=1\right\}\cap\left\{\left\{L_{1d}^t=1\,\middle|\,L_{1r}^t=1\right\}\right.\right.$$
$$\left.\left.\cup\left\{Q_1^t\left(S_1^{\mathrm{G}}\right)=0\right\}\right\}\cap C_{2r}^t\right] \tag{2-29a}$$

$$P\left[Y_2^t\left(S_1^{\mathrm{G}}\right)=\omega_2\right]=P\left[\left\{L_{2d}^t=0\,\middle|\,L_{2r}^t=1\right\}\cap\left\{L_{1d}^t=0\,\middle|\,L_{1r}^t=1\right\}\right.$$
$$\left.\cap\left\{Q_1^t\left(S_1^{\mathrm{G}}\right)\neq 0\right\}\cap C_{2r}^t\right] \tag{2-29b}$$

$$P\left[Y_2^t\left(S_1^{\mathrm{G}}\right)=1\right]=P\left[\left\{L_{2d}^t=1\,\middle|\,L_{2r}^t=1\right\}\cap C_{2d}^t\right] \tag{2-29c}$$

其中，$\{Q_1^t(S_1)=0\}$ 表示卫星 $i=1$ 在 t 时隙没有数据包发送。在式 (2-28) 约束下，可计算得到卫星 $i=1$ 队列为空的概率为

$$\begin{aligned}&\Pr\left\{Q_1^t\left(S_1\right)=0\right\}\\=&1-\frac{\lambda_1}{\left(1-p_{3(1)}\right)\left[\omega_0 p_{3(2)}+\omega_1\left(1-p_{3(2)}\right)\right]f_{1r}+p_{3(1)}f_{1d}}\end{aligned} \tag{2-30}$$

根据 Loynes' 稳定判据以及式 (2-15)、式 (2-30)，子系统 S_1^{G} 中卫星 $i=2$ 队列稳定的条件为

$$\begin{aligned}\lambda_2<{}&\omega_0\left(1-p_{3(2)}\right)f_{2r}+p_{3(2)}f_{2d}-\\&\frac{\left(\omega_0-\omega_2\right)\left(1-p_{3(1)}\right)\left(1-p_{3(2)}\right)f_{2r}}{\left(1-p_{3(1)}\right)\left[\omega_0 p_{3(2)}f_{1r}+\omega_1\left(1-p_{3(2)}\right)f_{1r}\right]+p_{3(1)}f_{1d}}\lambda_1\end{aligned} \tag{2-31}$$

通过上述推导，式 (2-28) 和式 (2-31) 构成了在资源分配向量 $\boldsymbol{\omega}=[\omega_1,\omega_2]$ 给定时子系统 S_1^{G} 的稳定条件，$\mathcal{R}_{\boldsymbol{\omega}}\left(S_1^{\mathrm{G}}\right)$ 即为式 (2-28) 和式 (2-31) 共同界定的区域。类似地，可以推导得到子系统 S_2^{G} 的稳定域 $\mathcal{R}_{\boldsymbol{\omega}}\left(S_2^{\mathrm{G}}\right)$：

$$\begin{aligned}\lambda_1<{}&\omega_0\left(1-p_{3(1)}\right)f_{1r}+p_{3(1)}f_{1d}-\\&\frac{\left(\omega_0-\omega_1\right)\left(1-p_{3(1)}\right)\left(1-p_{3(2)}\right)f_{1r}}{\left(1-p_{3(2)}\right)\left[\omega_0 p_{3(1)}f_{2r}+\omega_2\left(1-p_{3(1)}\right)f_{2r}\right]+p_{3(2)}f_{2d}}\lambda_2\end{aligned} \tag{2-32}$$

$$\lambda_2<\left(1-p_{3(2)}\right)\left[\omega_0 p_{3(1)}f_{2r}+\omega_2\left(1-p_{3(1)}\right)f_{2r}\right]+p_{3(2)}f_{2d} \tag{2-33}$$

通过以上推导，任何位于 $\mathcal{R}_{\boldsymbol{\omega}}\left(S_1^{\mathrm{G}}\right)$ 和 $\mathcal{R}_{\boldsymbol{\omega}}\left(S_2^{\mathrm{G}}\right)$ 的点均能保证原系统 S^{G} 稳定。

证明结束。 □

2.4.1.2　基于系统稳定的 GEO 中继资源优化配置

基于 2.4.1.1 节针对资源分配向量确定条件下推导得到的系统稳定域，本节将进一步研究如何通过优化 $[\omega_1,\omega_2]$ 最大化系统稳定域，即对 GEO 中继卫星的带宽资源进行优化分配，使协作系统在满足稳定条件下实现网络容量最大化。

根据式 (2-1) 中对 $\boldsymbol{\Omega}$ 的定义，针对所有可行资源分配向量，基于 GEO 中继卫星的双接入协作传输系统的稳定域可表示为

$$\mathcal{R}\left(S^{\mathrm{G}}\right)=\bigcup_{\boldsymbol{\omega}\in\boldsymbol{\Omega}}\left\{\mathcal{R}_{\boldsymbol{\omega}}\left(S_1^{\mathrm{G}}\right)\cup\mathcal{R}_{\boldsymbol{\omega}}\left(S_2^{\mathrm{G}}\right)\right\} \tag{2-34}$$

其中，$\mathcal{R}_{\boldsymbol{\omega}}\left(S_i^{\mathrm{G}}\right)$（$i=1,2$）表示给定资源分配向量 $\boldsymbol{\omega}$ 时系统 S_i^{G} 的稳定域。针对两颗信源卫星满足 $L_{1r}=L_{2r}=1$ 的情况，定理 2.2 表述了本节推导得到的 S^{G} 系统稳定域，该系统稳定域如图 2.5 所示。

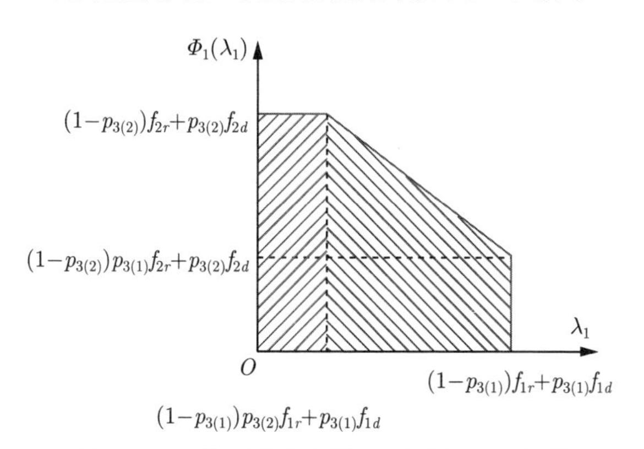

图 2.5　S^{G} 系统稳定域 $\mathcal{R}\left(S_1^{\mathrm{G}}\right)\cup\mathcal{R}\left(S_2^{\mathrm{G}}\right)$

定理 2.2　应用 CCBA 协议对基于 GEO 中继卫星的双接入协作传输系统 S^{G} 的中继卫星带宽资源进行分配，则系统 S^{G} 的稳定域为

$$\mathcal{R}\left(S^{\mathrm{G}}\right)=\left\{[\lambda_1,\lambda_2]\in R_+^2|\lambda_2<\Phi\left(\lambda_1\right)\right\} \tag{2-35}$$

其中，

$$\Phi\left(\lambda_1\right)=\begin{cases}\left(1-p_{3(2)}\right)f_{2r}+p_{3(2)}f_{2d}, & \lambda_1<\lambda_1{}'\\ -\dfrac{f_{2r}}{f_{1r}}\lambda_1+\psi, & \lambda_1{}'\leqslant\lambda_1\leqslant\lambda_1{}''\end{cases} \tag{2-36}$$

其中，$\lambda_1{}'=\left(1-p_{3(1)}\right)p_{3(2)}f_{1r}+p_{3(1)}f_{1d}$，$\lambda_1{}''=\left(1-p_{3(1)}\right)f_{1r}+p_{3(1)}f_{1d}$，$\psi=f_{2r}+\dfrac{f_{2r}}{f_{1r}}f_{1d}p_{3(1)}+f_{2d}p_{3(2)}-f_{2r}p_{3(1)}p_{3(2)}$。

定理 2.2 所表述的 S^{G} 系统稳定域刻画了当使用 CCBA 协议时，对于任意 LEO 卫星 $i=1$ 的数据包到达率 $\lambda_1\leqslant\left(1-p_{3(1)}\right)f_{1r}+p_{3(1)}f_{1d}$，如果卫星 $i=2$ 的数据包到达率满足 $\lambda_2<\varPhi(\lambda_1)$，则一定存在某种带宽资源分配向量 $\boldsymbol{\omega}$，能够保证 S^{G} 系统稳定。

证明　对应于所有可行 λ_1，建立约束优化问题求解最大可行 λ_2，可以间接求得所有可行资源分配向量 $\boldsymbol{\varOmega}$ 中能够实现 λ_2 最大化的最优资源分配策略。

首先，针对子系统 $\mathcal{R}(S_1)$，基于式 (2-28) 对 λ_1 的约束，以及式 (2-31) 得到的 λ_2 与 λ_1 的制约关系，建立如下优化问题（令 $\omega_0=1$）：

$$\max\lambda_2=\left(1-p_{3(2)}\right)f_{2r}+p_{3(2)}f_{2d}-\frac{\left(1-\omega_2\right)\left(1-p_{3(1)}\right)\left(1-p_{3(2)}\right)f_{2r}\lambda_1}{\omega_1\left(1-p_{3(1)}\right)\left(1-p_{3(2)}\right)f_{1r}+\left(1-p_{3(1)}\right)p_{3(2)}f_{1r}+p_{3(1)}f_{1d}}\tag{2-37a}$$

$$\text{s.t.}\quad \omega_1+\omega_2\leqslant 1,\tag{2-37b}$$

$$\lambda_1<\left(1-p_{3(1)}\right)\left[p_{3(2)}+\omega_1\left(1-p_{3(1)}\right)\right]f_{1r}+p_{3(1)}f_{1d}\tag{2-37c}$$

将 $\omega_1+\omega_2=1$ 代入式 (2-37a)，可得：

$$\max\lambda_2=\left(1-p_{3(2)}\right)f_{2r}+p_{3(2)}f_{2d}-\frac{\omega_1\left(1-p_{3(1)}\right)\left(1-p_{3(2)}\right)f_{2r}\lambda_1}{\omega_1\left(1-p_{3(1)}\right)\left(1-p_{3(2)}\right)f_{1r}+\left(1-p_{3(1)}\right)p_{3(2)}f_{1r}+p_{3(1)}f_{1d}}\tag{2-38}$$

对 λ_2 求解 ω_1 的一阶偏导：

$$\frac{\partial\lambda_2}{\partial\omega_1}=-\frac{\left(1-p_{3(1)}\right)\left(1-p_{3(2)}\right)f_{2r}\left[\left(1-p_{3(1)}\right)p_{3(2)}f_{1r}+p_{3(1)}f_{1d}\right]}{\varPhi^2}\tag{2-39}$$

其中，$\varPhi=\omega_1\left(1-p_{3(1)}\right)\left(1-p_{3(2)}\right)f_{1r}+\left(1-p_{3(1)}\right)p_{3(2)}f_{1r}+p_{3(1)}f_{1d}$。可以注意到，$\partial\lambda_2/\partial\omega_1<0$，因此 λ_2 是 ω_1 的单调减函数。由式 (2-37c) 可得：

$$\omega_1 > \frac{\lambda_1 - p_{3(1)} f_{1d} - \left(1 - p_{3(1)}\right) p_{3(2)} f_{1r}}{\left(1 - p_{3(1)}\right)\left(1 - p_{3(2)}\right) f_{1r}} \tag{2-40}$$

由此求解不同条件下 ω 的最优解：

（1）$0 < \dfrac{\lambda_1 - p_{3(1)} f_{1d} - \left(1 - p_{3(1)}\right) p_{3(2)} f_{1r}}{\left(1 - p_{3(1)}\right)\left(1 - p_{3(2)}\right) f_{1r}} \leqslant 1$：这种情况下，

$$p_{3(1)} f_{1d} + \left(1 - p_{3(1)}\right) p_{3(2)} f_{1r} < \lambda_1 \leqslant p_{3(1)} f_{1d} + \left(1 - p_{3(1)}\right) f_{1r} \tag{2-41}$$

因此，ω_1 最优解为 $\omega_1^* = \dfrac{\lambda_1 - p_{3(1)} f_{1d} - \left(1 - p_{3(1)}\right) p_{3(2)} f_{1r}}{\left(1 - p_{3(1)}\right)\left(1 - p_{3(2)}\right) f_{1r}}$。

（2）$\dfrac{\lambda_1 - p_{3(1)} f_{1d} - \left(1 - p_{3(1)}\right) p_{3(2)} f_{1r}}{\left(1 - p_{3(1)}\right)\left(1 - p_{3(2)}\right) f_{1r}} \leqslant 0$：这种情况下，$\lambda_1 \leqslant p_{3(1)} f_{1d} + \left(1 - p_{3(1)}\right) p_{3(2)} f_{1r}$，因此，$\omega_1$ 最优解为 $\omega_1^* = 0$。

总结上述情况，式 (2-37) 构建优化问题的最优解为

$$\omega_1^* = \begin{cases} 0, & \lambda_1 < \lambda_1{}' , \\ \dfrac{\lambda_1 - p_{3(1)} f_{1d} - \left(1 - p_{3(1)}\right) p_{3(2)} f_{1r}}{\left(1 - p_{3(1)}\right)\left(1 - p_{3(2)}\right) f_{1r}}, & \lambda_1{}' < \lambda_1 \leqslant \lambda_1{}'' \end{cases} \tag{2-42}$$

接下来推导另一子系统 S_2^{G} 的稳定域。将 $\omega_1 + \omega_2 = 1$ 和 $\omega_0 = 1$ 代入式 (2-32)，则 λ_1 最大值为

$$\max \lambda_1 = \left(1 - p_{3(1)}\right) f_{1r} + p_{3(1)} f_{1d} \tag{2-43}$$

接下来，对于固定 λ_1，求解 S_2^{G} 中最优 λ_2。根据式 (2-32) 可得：

$$\begin{aligned} \lambda_2 < & \frac{\left(1 - p_{3(2)}\right) f_{2r} + p_{3(2)} f_{2d} - \omega_1 \left(1 - p_{3(1)}\right)\left(1 - p_{3(2)}\right) f_{2r}}{\left(1 - p_{3(1)}\right)\left(1 - p_{3(2)}\right) f_{1r} - \omega_1 \left(1 - p_{3(1)}\right)\left(1 - p_{3(2)}\right) f_{1r}} \times \\ & \left[\left(1 - p_{3(1)}\right) f_{1r} + p_{3(1)} f_{1d} - \lambda_1\right] \end{aligned} \tag{2-44}$$

对式 (2-44) 作 ω_1 的一阶偏导可得：

$$\frac{\partial \lambda_2}{\partial \omega_1} = \frac{\left(1 - p_{3(1)}\right)\left(1 - p_{3(2)}\right) f_{1r} \left[p_{3(1)} \left(1 - p_{3(2)}\right) f_{2r} + p_{3(2)} f_{2d}\right]}{\left[\left(1 - p_{3(1)}\right)\left(1 - p_{3(2)}\right) f_{1r} \left(1 - \omega_1\right)\right]^2} \tag{2-45}$$

由此可知，$\partial \lambda_2 / \partial \omega_1 > 0$，因此 λ_2 是 ω_1 的单调增函数。由式 (2-33) 和式 (2-44) 可得：

$$\omega_1 \leqslant \frac{\lambda_1 - p_{3(1)} f_{1d} - \left(1 - p_{3(1)}\right) p_{3(2)} f_{1r}}{\left(1 - p_{3(1)}\right)\left(1 - p_{3(2)}\right) f_{1r}} \tag{2-46}$$

对式 (2-46) 使用与式 (2-40) 相同的分析方法，求得不同条件下的最优解 ω_1^* 与式 (2-42) 具有相同形式。

综上分析，式 (2-38)、式 (2-42) 以及式 (2-44) 刻画了子系统 S_1^{G} 和 S_2^{G} 的边界，且两个系统的边界具有相同的形式：

$$\Phi\left(\lambda_1\right)=\begin{cases}\left(1-p_{3(2)}\right) f_{2r}+p_{3(2)} f_{2d}, & 0 \leqslant \lambda_1<\lambda_1{}' \\ -\dfrac{f_{2r}}{f_{1r}} \lambda_1+\psi, & \lambda_1{}' \leqslant \lambda_1 \leqslant \lambda_1{}''\end{cases} \tag{2-47}$$

其中，$\lambda_1{}'=\left(1-p_{3(1)}\right) p_{3(2)} f_{1r}+p_{3(1)} f_{1d}$, $\lambda_1{}''=\left(1-p_{3(1)}\right) f_{1r}+p_{3(1)} f_{1d}$，$\psi=f_{2r}+\dfrac{f_{2r}}{f_{1r}} f_{1d} p_{3(1)}+f_{2d} p_{3(2)}-f_{2r} p_{3(1)} p_{3(2)}$。式 (2-47) 刻画了 S^{G} 系统的稳定域，当 CCBA 协议中使用式 (2-42) 所得到的最优带宽分配向量 $\boldsymbol{\omega}=\left[\omega_1^*, 1-\omega_1^*\right]$ 时，则可以达到该系统的稳定域边界，即实现系统稳定条件下的最大传输容量。

证明结束。 □

在 GR-CMA 系统的稳定域中，假设 GEO 的缓存器存储容量足够充足，能够及时存储和转发所有接收到的数据，从而确保中继卫星缓存队列始终稳定。这一假设对于当前部署在地球同步轨道的数据中继卫星是合理的，如美国的 TDRSS[92-93] 和我国的“天链”中继卫星 [94-95] 均搭载了功能强大的存储转发设备。然而，当中继卫星的存储和通信能力较小时，数据过载和溢出则会发生。这时，信源卫星需要终止向中继卫星发送数据，并等待可使用的存储和转发资源。在这种情况下，需要设计新的协作传输协议来解决数据过载和溢出的问题，系统的稳定域分析也会随之改变。另一方面，当 GEO 中继卫星的存储转发资源有限导致无法保持中继卫星存储队列稳定时，针对 LR-CMA 系统设计的协作传输协议在 GR-CMA 系统中是具有适用性的。

2.4.2 LEO 中继卫星双接入系统稳定域及资源分配

在基于 LEO 中继卫星的双接入协作通信系统 S^{L} 中，λ_1 和 λ_2 分别表示两颗 LEO 信源卫星的数据到达率。依据算法 2 所表述的 CCTA 协议，LEO 中继卫星在一个时隙内仅能接收来自一颗信源卫星的数据。此外，由于中继能力有限，考虑 LEO 中继卫星接收到需要转发的数据后，不能在该时隙完成向地面站的转发。因此，针对 GEO 中继多接入系统中对 L_{ir}（$i=1,2$）条件下的稳定性分析则可以简化：将 $L_{ir}=1\cap L_{jr}=0$, $\{i,j\in\{1,2\}:i\neq j\}$ 和 $L_{1r}=1\cap L_{2r}=1$ 合并为一种情况进行讨论，在这种情况下，至少有一颗信源卫星可以和 LEO 中继卫星建立连接，此时，如果当前时隙分配给信源卫星 i 且 $L_{ir}=0$，则中继卫星将使用该时隙，将位于其缓存队首的接收自 j 卫星的数据转发到地面站。

在 S^{L} 系统中，由于 LEO 中继卫星能否将一颗信源卫星的数据成功转发至地面站取决于另一颗卫星是否可以提供空闲时隙，因此，这两颗信源卫星的队列存在相互影响。为解决两队列稳定域的互扰问题，本节提出了基于 CCTA 协议的双接入协作系统的系统分解方法，将 S^{L} 分解为子系统 S_1^{L} 和 S_2^{L}，其中，S_i^{L}（$i=1,2$）定义如下。

定义 2.3 (基于 LEO 中继卫星的双接入协作传输系统分解)　子系统 S_i^{L}（$i=1,2$）结构与系统 S^{L} 相同，并使用与 CCTA 协议相类似的机制方式进行资源分配；不同的是，在执行 CCTA 协议时，子系统 S_i^{L} 中即使 LEO 中继卫星为信源卫星 i 成功转发了数据，信源卫星 i 并不会将该数据从队首删除。

根据定义 2.3，子系统 S_i^{L} 中的 LEO 中继卫星为信源卫星 j（$j=1,2$ 且 $j\neq i$）提供协作传输得到的作用与系统 S^{L} 相同，但子系统 S_i^{L} 中的信源卫星 i 使用与 TDMA 系统中相同的方式实现数据传输。因此，在 S_i^{L} 系统中，信源卫星 i 的缓存队列长度一定不会超过系统 S^{L} 中 i 的缓存队列长度，即 S_i^{L} 系统的稳定条件是 S^{L} 系统稳定的充分条件。因此，S^{L} 系统的稳定域可以表示为子系统 S_1^{L} 和 S_2^{L} 稳定域 $\mathcal{R}\left(S^{\mathrm{L}}\right)$ 的并集，即 $\mathcal{R}\left(S_1^{\mathrm{L}}\right)\cup\mathcal{R}\left(S_2^{\mathrm{L}}\right)$。

2.4.2.1　$\boldsymbol{\omega}=[\omega_1,\omega_2]$ 确定条件下的系统稳定域分析

基于定义 2.3 提出的系统分解方法，本节推导得到了当 ω_0 以及资源分配向量 $\boldsymbol{\omega}=[\omega_1,\omega_2]$ 确定时，系统 S^{L} 的稳定域 $\mathcal{R}_{\boldsymbol{\omega}}\left(S^{\mathrm{L}}\right)$，推导结果见引理 2.2。

引理 2.2　在不同链路通断状态下，给定 ω_0 以及资源分配向量 $\boldsymbol{\omega}=[\omega_1,\omega_2]$，应用 CCTA 协议，则基于 LEO 中继卫星的双接入协作系统 S^{L} 的稳定域如下：

（1）$L_{1r}=L_{2r}=0$:

$$\mathcal{R}_{\boldsymbol{\omega}}\left(S^{\mathrm{L}}\right)=\{[\lambda_1,\lambda_2]=[0,0]\} \tag{2-48}$$

（2）$L_{1r}=1\cup L_{2r}=1$:

$$\mathcal{R}_{\boldsymbol{\omega}}\left(S^{\mathrm{L}}\right)=\mathcal{R}_{\boldsymbol{\omega}}\left(S_1^{\mathrm{L}}\right)\cup\mathcal{R}_{\boldsymbol{\omega}}\left(S_2^{\mathrm{L}}\right) \tag{2-49}$$

其中，

$$\mathcal{R}_{\boldsymbol{\omega}}\left(S_1^{\mathrm{L}}\right)=\Big\{[\lambda_1,\lambda_2]\in R_+^2\Big|\,\lambda_2<\omega_2 p_{3(2)}f_{2d}+\omega_1\omega_2\left(1-\frac{\lambda_1}{\omega_1 p_{3(1)}f_{1d}}\right)\left(1-p_{3(2)}f_{2d}\right)f_{rd},\ \forall\ \lambda_1<\omega_1 p_{3(1)}f_{1d}\Big\} \tag{2-50}$$

$$\mathcal{R}_{\boldsymbol{\omega}}\left(S_2^{\mathrm{L}}\right)=\Big\{[\lambda_1,\lambda_2]\in R_+^2\Big|\,\lambda_1<\omega_1 p_{3(1)}f_{1d}+\omega_1\omega_2\left(1-\frac{\lambda_2}{\omega_2 p_{3(2)}f_{2d}}\right)\left(1-p_{3(1)}f_{1d}\right)f_{rd},\ \forall\ \lambda_2<\omega_2 p_{3(2)}f_{2d}\Big\} \tag{2-51}$$

如图 2.6 所示，$\mathcal{R}_{\boldsymbol{\omega}}\left(S_1^{\mathrm{L}}\right)\cup\mathcal{R}_{\boldsymbol{\omega}}\left(S_2^{\mathrm{L}}\right)$ 即为引理 2.2 所表述的在资源分配向量 $\boldsymbol{\omega}=[\omega_1,\omega_2]$ 给定条件下，系统 S^{L} 的稳定域。

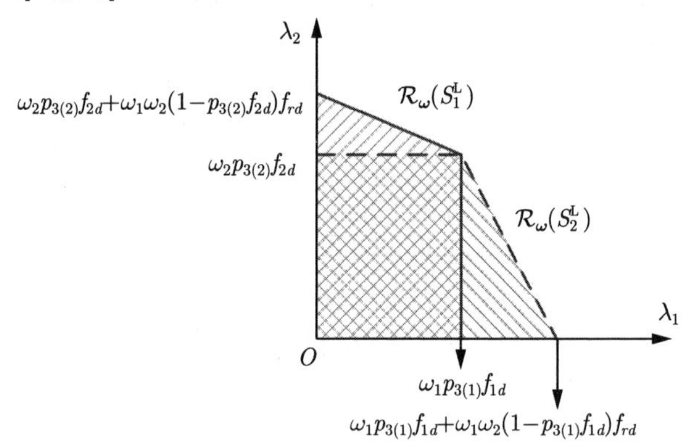

图 2.6　ω 给定条件下 S^{L} 系统稳定域 $\mathcal{R}_\omega\left(S_1^{\mathrm{L}}\right)\cup\mathcal{R}_\omega\left(S_2^{\mathrm{L}}\right)$（见文前彩图）

证明　（1）$L_{1r}=L_{2r}=0$：该情况下，两颗 LEO 信源卫星均无法与 LEO 中继卫星建立传输链路，因此，到达率必须满足

$$\lambda_1=0\ \text{且}\ \lambda_2=0 \tag{2-52}$$

（2）$L_{1r}=1\cap L_{2r}=1$，该情况下，至少有一颗 LEO 信源卫星可以与 LEO 中继卫星建立连接。由定义 2.3 所述系统分解方法可知，系统 S^{L} 的稳定域 $\mathcal{R}_{\boldsymbol{\omega}}\left(S^{\mathrm{L}}\right)$ 可以表示为 $\mathcal{R}_{\boldsymbol{\omega}}\left(S_1^{\mathrm{L}}\right)\cup\mathcal{R}_{\boldsymbol{\omega}}\left(S_2^{\mathrm{L}}\right)$。

接下来首先根据 Loynes' 稳定判据，讨论 S_1^{L} 子系统的稳定域。将 $Y_i^t\left(S_1^{\mathrm{L}}\right)$（$i=1,2$）定义为在 t 时隙，系统 S_1^{L} 中由信源卫星 i 发出的可能的数据量。对于信源卫星 i，当满足以下两个条件之一时，$Y_i^t\left(S_1^{\mathrm{L}}\right)$ 发生：①LEO 中继卫星将当前时隙资源 t 分配给该信源卫星，且星间/星地链路以及 SNR 均满足数据传输条件；②信源卫星 i 在地面站接收范围，且 SNR 满足数据传输条件。因此，$Y_1^t\left(S_1^{\mathrm{L}}\right)$ 可表示为

$$Y_1^t\left(S_1^{\mathrm{L}}\right)=\mathrm{I}\left[A_1^t\cap\left\{L_{1d}^t=1\left|L_{1r}^t=1\right.\right\}\cap C_{1d}^t\right] \tag{2-53}$$

其中，A_1^t 表示中继卫星将当前时隙资源 t 分配给信源卫星 $i=1$，$\mathrm{I}[\cdot]$ 为指示函数（indicator function）。根据 Loynes' 稳定判据，子系统 S_1^{L} 中信源卫星 $i=1$ 的缓存队列稳定的条件为

$$\lambda_1<\omega_1 p_{3(1)} f_{1d} \tag{2-54}$$

接下来分析子系统 S_1^{L} 中信源卫星 $i=2$ 的缓存队列稳定性。当以下两个事件成立时，来自信源卫星 $i=2$ 的数据可以成功从该卫星或 LEO 中继卫星发送到地面站。

（1）时隙 t 分配给信源卫星 $i=2$：信源卫星 $i=2$ 可以和地面站建立连接，即 $L_{2d}=1$，且传输信道的 SNR 满足成功传输条件，即 $C_{2d}=\{\mathrm{SNR}_{2d}<\beta\}$。

（2）时隙 t 分配给信源卫星 $i=1$：信源卫星 $i=1$ 无法连接至中继卫星，或该卫星没有数据到达，此时，如果上一时隙分配给信源卫星 $i=2$，且卫星 $i=2$ 成功将数据包发送到 LEO 中继卫星，同时，在当前时隙 t，中继卫星与地面支持数据成功传输，即 $C_{rd}=\{\mathrm{SNR}_{rd}<\beta\}$。

通过上述两种情况的分析，$Y_2^t\left(S_1^{\mathrm{L}}\right)$ 可表示为

$$\begin{aligned}Y_2^t\left(S_1^{\mathrm{L}}\right)=&\mathrm{I}\left(A_2^t\cap\left\{L_{2d}^t=1\left|L_{2r}^t=1\right.\right\}\cap C_{2d}^t\right)+\\&\mathrm{I}\left[A_1^t\cap\left\{Q_1^t\left(S_1^{\mathrm{L}}\right)=0\right\}\cap A_2^{t-1}\right.\\&\left.\cap\overline{\left\{L_{2d}^{t-1}=1\left|L_{2r}^{t-1}=1\right.\right\}\cap C_{2d}^{t-1}}\cap C_{rd}^t\right]\end{aligned} \tag{2-55}$$

其中，$Q_1^t\left(S_1^{\mathrm{L}}\right)=0$ 表示信源卫星 $i=1$ 在时隙 t 没有数据发送。根据式 (2-54)，信源卫星 $i=1$ 缓存队列为空的概率为

$$\Pr\left\{Q_1^t\left(S_1^{\mathrm{L}}\right)=0\right\}=1-\frac{\lambda_1}{\omega_1 p_{3(1)} f_{1d}} \tag{2-56}$$

根据 Loynes' 稳定判据以及式 (2-15) 和式 (2-56)，S_1^{L} 子系统中信源卫星 $i=2$ 缓存队列的稳定概率为

$$\lambda_2 < \omega_2 p_{3(2)} f_{2d} + \omega_1\omega_2\left(1-\frac{\lambda_1}{\omega_1 p_{3(1)} f_{1d}}\right)\left(1-p_{3(2)} f_{2d}\right) f_{rd} \tag{2-57}$$

综上分析，式 (2-54) 和式 (2-57) 构成了在时隙资源分配向量 $\boldsymbol{\omega}=[\omega_1,\omega_2]$ 给定条件下子系统 S_1^{L} 的稳定域 $\mathcal{R}_{\boldsymbol{\omega}}\left(S_1^{\mathrm{L}}\right)$。使用类似的分析方法，可以得到子系统 S_2^{L} 的稳定域 $\mathcal{R}_{\boldsymbol{\omega}}\left(S_2^{\mathrm{L}}\right)$：

$$\lambda_1 < \omega_1 p_{3(1)} f_{1d} + \omega_1\omega_2\left(1-\frac{\lambda_2}{\omega_2 p_{3(2)} f_{2d}}\right)\left(1-p_{3(1)} f_{1d}\right) f_{rd} \tag{2-58}$$

$$\lambda_2 < \omega_2 p_{3(2)} f_{2d} \tag{2-59}$$

证明结束。　□

2.4.2.2　基于系统稳定的 LEO 中继资源优化配置

基于 2.4.2.1 节针对资源分配向量确定条件下推导得到的系统稳定域，本节将进一步讨论如何通过优化 $[\omega_1,\omega_2]$，使系统稳定域最大化，即对 LEO 中继卫星的时隙资源进行优化分配，使协作系统在满足稳定条件下实现网络容量最大化。针对所有可行资源分配向量 $\boldsymbol{\Omega}$，定理 2.3 表述了本节推导得到的基于 LEO 中继卫星的双接入协作传输系统 S^{L} 的系统稳定域。

定理 2.3　应用 CCTA 协议对基于 LEO 中继卫星的双接入协作传输系统 S^{L} 的中继卫星时隙资源进行分配，则系统 S^{L} 的稳定域为

$$\mathcal{R}\left(S^{\mathrm{L}}\right)=\left\{[\lambda_1,\lambda_2]\in R_+^2\,|\lambda_2<\max\left\{\varPhi_1\left(\lambda_1\right),\varPhi_2\left(\lambda_1\right)\right\}\right\} \tag{2-60}$$

式 (2-60) 中，$\varPhi_1\left(\lambda_1\right)$ 和 $\varPhi_2\left(\lambda_1\right)$ 分别定义为

$$\varPhi_1\left(\lambda_1\right)=\begin{cases}\left(\dfrac{1}{2}+\dfrac{\lambda_1}{2p_{3(1)} f_{1d}}-\dfrac{p_{3(2)} f_{2d}}{2\psi_2}\right)^2\psi_2- \\ \quad\dfrac{\psi_2}{p_{3(1)} f_{1d}}\lambda_1+p_{3(2)} f_{2d}, \quad 0\leqslant\lambda_1\leqslant{\lambda_1}''' \\ -\dfrac{p_{3(2)} f_{2d}}{p_{3(1)} f_{1d}}\lambda_1+p_{3(2)} f_{2d}, \quad {\lambda_1}'''\leqslant\lambda_1\leqslant p_{3(1)} f_{1d}\end{cases} \tag{2-61}$$

$$\Phi_2(\lambda_1)=\begin{cases}-\dfrac{p_{3(2)}f_{2d}}{p_{3(1)}f_{1d}}\lambda_1+p_{3(2)}f_{2d}, & 0\leqslant\lambda_1\leqslant\dfrac{p_{3(1)}^2f_{1d}^2}{\left(1-p_{3(1)}f_{1d}\right)f_{rd}}\\ -2p_{3(2)}f_{2d}\sqrt{\dfrac{\lambda_1}{\psi_1}}+p_{3(2)}f_{2d}+ & \\ \dfrac{p_{3(1)}p_{3(2)}f_{1d}f_{2d}}{\psi_1}, & \dfrac{p_{3(1)}^2f_{1d}^2}{\left(1-p_{3(1)}f_{1d}\right)f_{rd}}\leqslant\lambda_1\leqslant\lambda_1^*\end{cases}\tag{2-62}$$

其中，$\psi_i=\left(1-p_{3(i)}f_{id}\right)f_{rd}\ (i=1,2)$；式 (2-61) 中，$\lambda_1'''=p_{3(1)}f_{1d}-\dfrac{p_{3(1)}p_{3(2)}f_{1d}f_{2d}}{\psi_2}$，式 (2-62) 中 λ_1^* 定义为

$$\lambda_1^*=\begin{cases}\dfrac{1}{4\psi_1}\left(p_{3(1)}f_{1d}+\psi_1\right)^2, & 0\leqslant p_{3(1)}f_{1d}\leqslant\psi_1\\ p_{3(1)}f_{1d}, & p_{3(1)}f_{1d}\geqslant\psi_1\end{cases}\tag{2-63}$$

针对不同 λ_1 的取值范围，定理 2.3 中 λ_2 需要满足的稳定条件 $\Phi_1(\lambda_1)$ 和 $\Phi_2(\lambda_1)$ 分别如图 2.7 和图 2.8 所示。定理 2.3 所表述的 S^{L} 系统稳定域表述了在 S^{L} 系统中使用 CCTA 协议时，对于任意 LEO 卫星 $i=1$ 的数据包到达率 $\lambda_1\leqslant\max\left\{p_{3(1)}f_{1d},\ \lambda_1^*\right\}$，如果卫星 $i=2$ 的数据包到达率满足 $\max\left\{\Phi_1(\lambda_1),\Phi_2(\lambda_1)\right\}$，则一定存在某种时隙分配 $\boldsymbol{\omega}$，能够保证 S^{L} 系统稳定，且达到式 (2-60)~ 式 (2-63) 所定义的系统稳定域。

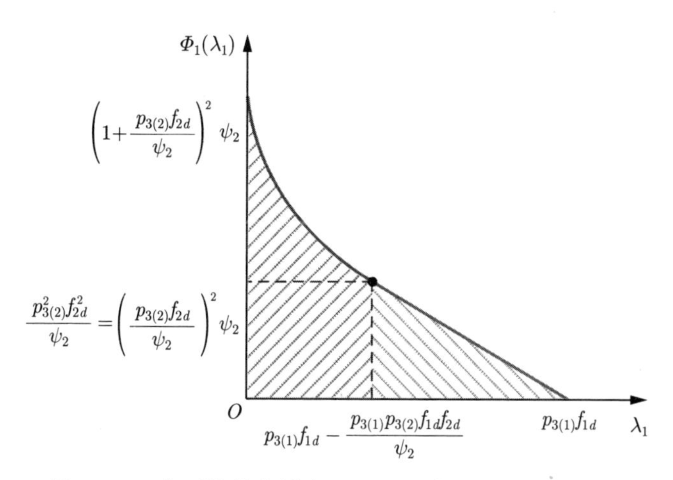

图 2.7 S^{L} 系统稳定域中 $\boldsymbol{\Phi_1(\lambda_1)}$ 范围（见文前彩图）

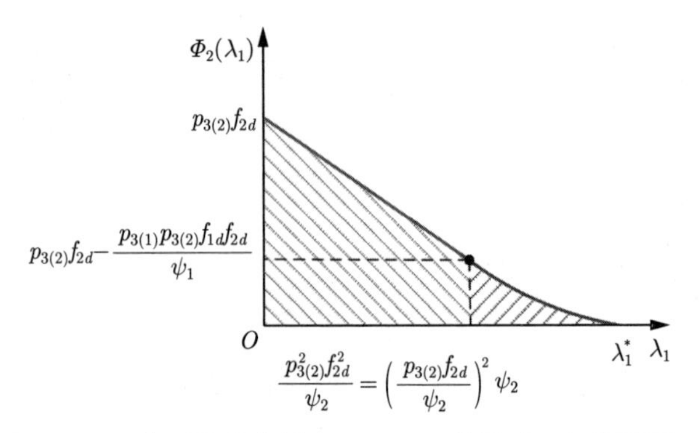

图 2.8 S^{L} 系统稳定域中 $\Phi_2(\lambda_1)$ 范围（见文前彩图）

证明 首先，针对子系统 S_1^{L}，基于式 (2-54) 和式 (2-57) 建立 λ_2 的优化问题：

$$\max\ \lambda_2=\omega_2p_{3(2)}f_{2d}+\omega_1\omega_2\left(1-\frac{\lambda_1}{\omega_1p_{3(1)}f_{1d}}\right)\left(1-p_{3(2)}f_{2d}\right)f_{rd} \tag{2-64a}$$

$$\text{s.t.}\ \ \omega_1+\omega_2\leqslant 1 \tag{2-64b}$$

$$\lambda_1\leqslant\omega_1p_{3(1)}f_{1d} \tag{2-64c}$$

令 $\psi_i=\left(1-p_{3(i)}f_{id}\right)f_{rd}$（$i=1,2$），式 (2-64a) 可表示为

$$\max\lambda_2=\left(1-\omega_1\right)p_{3(2)}f_{2d}+\omega_1\left(1-\omega_1\right)\left(1-\frac{\lambda_1}{\omega_1p_{3(1)}f_{1d}}\right)\psi_2 \tag{2-65}$$

对式 (2-65) 作 ω_1 的一阶偏导可得：

$$\frac{\partial\lambda_2}{\partial\omega_1}=-p_{3(2)}f_{2d}+\psi_2-2\omega_1\psi_2+\frac{\lambda_1\psi_2}{p_{3(1)}f_{1d}} \tag{2-66}$$

因此 $\partial\lambda_2/\partial\omega_1=0$ 的解可表示为

$$\omega_1^{'}=\frac{1}{2\psi_2}\left(\psi_2-p_{3(2)}f_{2d}+\frac{\lambda_1\psi_2}{p_{3(1)}f_{1d}}\right) \tag{2-67}$$

由式 (2-64c) 可知，$\omega_1\geqslant\dfrac{\lambda_1}{p_{3(1)}f_{1d}}$。接下来，讨论不同 $\omega_1^{'}$ 取值范围下的最优解 ω_1^*。

（1）$\omega_1' \geqslant \dfrac{\lambda_1}{p_{3(1)}f_{1d}}$：此时，

$$\lambda_1 \leqslant p_{3(1)}f_{1d} - \frac{p_{3(1)}p_{3(2)}f_{1d}f_{2d}}{\psi_2} \tag{2-68}$$

则最优解为 $\omega_1^* = \left(\psi_2 - p_{3(2)}f_{2d} + \dfrac{\lambda_1\psi_2}{p_{3(1)}f_{1d}}\right)/(2\psi_2)$。

（2）$\omega_1' \leqslant \dfrac{\lambda_1}{p_{3(1)}f_{1d}} \leqslant 1$：此时，

$$p_{3(1)}f_{1d} - \frac{p_{3(1)}p_{3(2)}f_{1d}f_{2d}}{\psi_2} \leqslant \lambda_1 \leqslant p_{3(1)}f_{1d} \tag{2-69}$$

则最优解为 $\omega_1^* = \lambda_1/p_{3(1)}f_{1d}$。

因此，式 (2-64) 所述优化问题的最优解为

$$\omega_1^* = \begin{cases} \dfrac{1}{2\psi_2}\left(\psi_2 - p_{3(2)}f_{2d} + \dfrac{\lambda_1\psi_2}{p_{3(1)}f_{1d}}\right), & 0 \leqslant \lambda_1 \leqslant {\lambda_1}''' \\ \dfrac{\lambda_1}{p_{3(1)}f_{1d}}, & {\lambda_1}''' \leqslant \lambda_1 \leqslant p_{3(1)}f_{1d} \end{cases} \tag{2-70}$$

将式 (2-70) 代入式 (2-64a)，得到子系统 $\mathcal{R}\left(S_1^{\mathrm{L}}\right)$ 的稳定域：

$$\varPhi_1(\lambda_1) = \begin{cases} \left(\dfrac{1}{2}+\dfrac{\lambda_1}{2p_{3(1)}f_{1d}}-\dfrac{p_{3(2)}f_{2d}}{2\psi_2}\right)^2\psi_2- \\ \quad \dfrac{\psi_2}{p_{3(1)}f_{1d}}\lambda_1+p_{3(2)}f_{2d}, & 0 \leqslant \lambda_1 \leqslant {\lambda_1}''' \\ -\dfrac{p_{3(2)}f_{2d}}{p_{3(1)}f_{1d}}\lambda_1 + p_{3(2)}f_{2d}, & {\lambda_1}''' \leqslant \lambda_1 \leqslant p_{3(1)}f_{1d} \end{cases} \tag{2-71}$$

其中，$\psi_2 = \left(1 - p_{3(2)}f_{2d}\right)f_{rd}$。该稳定域 $\varPhi_1(\lambda_1)$ 的边界如图 2.7 所示。

接下来讨论子系统 S_2^{L} 的稳定域。与子系统 S_1^{L} 的分析类似，令 $\omega_1 + \omega_2 = 1$。根据式 (2-58)，当 $\lambda_2 = 0$ 时，可以达到 λ_1 的最大稳定到达率：

$$\max\lambda_1 = \omega_1 p_{3(1)}f_{1d} + \omega_1(1-\omega_1)\psi_1 \tag{2-72}$$

对式 (2-72) 作 ω_1 的一阶偏导，则极点为

$$\omega_1^*|_{\lambda_2=0} = \frac{1}{2\psi_1}\left(p_{3(1)}f_{1d} + \psi_1\right) \tag{2-73}$$

由于 $\omega_1 \leqslant 1$，可以得到 $p_{3(1)}f_{1d} \leqslant \psi_1$。因此，当 $\lambda_2=0$ 时，λ_1 的最大值为

$$\lambda_1^*|_{\lambda_2=0} = \begin{cases} \dfrac{1}{4\psi_1}\left(p_{3(1)}f_{1d}+\psi_1\right)^2, & 0 \leqslant p_{3(1)}f_{1d} \leqslant \psi_1 \\ p_{3(1)}f_{1d}, & p_{3(1)}f_{1d} \geqslant \psi_1 \end{cases} \tag{2-74}$$

接下来求解 λ_1 给定时 λ_2 的最大到达率。根据式 (2-58)，λ_2 可表示为 λ_1 的函数：

$$\lambda_2 = (1-\omega_1)\,p_{3(2)}f_{2d} + \frac{p_{3(1)}p_{3(2)}f_{1d}f_{2d}}{\psi_1} - \frac{p_{3(2)}f_{2d}}{\omega_1\psi_1}\lambda_1 \tag{2-75}$$

式 (2-75) 关于 ω_1 的二阶偏导为负值，因此，通过一阶偏导可以求得式 (2-75) 中 λ_2 的最大值，相应的 ω 的极值点为 $\omega_1' = \sqrt{\lambda_1/\psi_1} = \sqrt{\lambda_1/\left[\left(1-p_{3(1)}f_{1d}\right)f_{rd}\right]}$。

另一方面，由于 $\omega_1 = 1-\omega_2 \leqslant 1-\dfrac{\lambda_2}{p_{3(2)}f_{2d}}$，即 $\lambda_2 \leqslant p_{3(2)}f_{2d}(1-\omega_1)$，因此，替代式 (2-75) 中的 λ_2，进而推导得到 $\omega_1 \leqslant \lambda_1/p_{3(1)}f_{1d}$。

由上述分析可知，最优解 ω^* 为

$$\omega_1^* = \begin{cases} \dfrac{\lambda_1}{p_{3(1)}f_{1d}}, & \lambda_1 \leqslant \dfrac{p_{3(1)}^2 f_{1d}^2}{\left(1-p_{3(1)}f_{1d}\right)f_{rd}} \\ \sqrt{\dfrac{\lambda_1}{\left(1-p_{3(1)}f_{1d}\right)f_{rd}}}, & \lambda_1 \geqslant \dfrac{p_{3(1)}^2 f_{1d}^2}{\left(1-p_{3(1)}f_{1d}\right)f_{rd}} \end{cases} \tag{2-76}$$

类似于式 (2-71)，将式 (2-76) 代入式 (2-75)，从而得到子系统 S_2^{L} 的稳定域 $\mathcal{R}\left(S_2^{\mathrm{L}}\right)$：

$$\varPhi_2(\lambda_1) = \begin{cases} -\dfrac{p_{3(2)}f_{2d}}{p_{3(1)}f_{1d}}\lambda_1 + p_{3(2)}f_{2d}, & 0 \leqslant \lambda_1 \leqslant \dfrac{p_{3(1)}^2 f_{1d}^2}{\left(1-p_{3(1)}f_{1d}\right)f_{rd}} \\ -2p_{3(2)}f_{2d}\sqrt{\dfrac{\lambda_1}{\psi_1}} + p_{3(2)}f_{2d} + & \\ \dfrac{p_{3(1)}p_{3(2)}f_{1d}f_{2d}}{\psi_1}, & \dfrac{p_{3(1)}^2 f_{1d}^2}{\left(1-p_{3(1)}f_{1d}\right)f_{rd}} \leqslant \lambda_1 \leqslant \lambda_1^* \end{cases} \tag{2-77}$$

其中，$\psi_1 = \left(1-p_{3(1)}f_{1d}\right)f_{rd}$，且

$$\lambda_1^* = \begin{cases} p_{3(1)}f_{1d}, & p_{3(1)}f_{1d} \geqslant \psi_1 \\ \dfrac{1}{4\psi_1}\left(p_{3(1)}f_{1d} + \psi_1\right)^2, & 0 \leqslant p_{3(1)}f_{1d} \leqslant \psi_1 \end{cases}$$

该稳定域 $\varPhi_2(\lambda_1)$ 的边界如图 2.8 所示。

综上分析，系统 S^{L} 的稳定域为

$$R = \left\{(\lambda_1, \lambda_2) \in R_2^+ \,|\lambda_2 < \max\left\{\varPhi_1(\lambda_1), \varPhi_2(\lambda_1)\right\}\right\} \tag{2-78}$$

针对不同的 λ_1：

（1）当 $R = \left\{(\lambda_1, \lambda_2) \in R_2^+ \,|\lambda_2 < \varPhi_1(\lambda_1)\right\}$ 时，CCTA 协议中使用式 (2-70) 得到的最优时隙分配向量 $\boldsymbol{\omega} = [\omega_1^*, 1 - \omega_1^*]$；

（2）当 $R = \left\{(\lambda_1, \lambda_2) \in R_2^+ \,|\lambda_2 < \varPhi_2(\lambda_1)\right\}$ 时，CCTA 协议中使用式 (2-76) 得到的最优时隙分配向量 $\boldsymbol{\omega} = [\omega_1^*, 1 - \omega_1^*]$。

则可以达到该系统的稳定域边界，即实现系统稳定条件下的最大传输容量。

证明结束。□

2.4.2.3　LR-CMA 系统延迟分析

在 LR-CMA 系统中，依据 CCTA 协议，当且仅当数据成功发送到地面站时，相应的信源卫星才会将该数据从其缓存队首删除。因此，不考虑 LEO 中继卫星，数据传输延迟即为其在相应信源卫星缓存队列的等待时间。接下来分析当两个信源卫星的数据到达率相等时，即信源卫星对称场景下，S^{L} 系统的延迟特性，这里引入文献 [85] 中的联合队列长度 (Q_1^t, Q_2^t) 的变化函数：

$$\varGamma(x, y) = \lim_{t\to\infty} E\left\{x^{Q_1^t} y^{Q_2^t}\right\} \tag{2-79}$$

假设两信源卫星的数据到达过程在不同时隙是相互独立的，则根据式 (2-22) 可得：

$$E\left\{x^{Q_1^{t+1}} y^{Q_2^{t+1}}\right\} = E\left\{x^{X_1^t} y^{X_2^t}\right\} E\left\{x^{\left(Q_1^t - Y_1^t\right)^+} y^{\left(Q_2^t - Y_2^t\right)^+}\right\} \tag{2-80}$$

由于卫星的数据到达过程为伯努利随机过程，因此式 (2-80) 的第一部分可表示为

$$E\left\{x^{X_1^t} y^{X_2^t}\right\} = (x\lambda + 1 - \lambda)(y\lambda + 1 - \lambda) \tag{2-81}$$

其中，λ 是两个信源卫星的到达率。根据式 (2-54)，式 (2-80) 的第二部分可表示为

$$\begin{aligned}&E\left\{x^{\left(Q_1^t-Y_1^t\right)^+}y^{\left(Q_2^t-Y_2^t\right)^+}\right\}\\=&E\left\{I\left(Q_1^t=0,Q_2^t=0\right)\right\}+\\&g_1\left(x\right)E\left\{I\left(Q_1^t>0,Q_2^t=0\right)x^{Q_1^t}\right\}+\\&g_1\left(y\right)E\left\{I\left(Q_1^t=0,Q_2^t>0\right)y^{Q_2^t}\right\}+\\&g_2\left(x,y\right)E\left\{I\left(Q_1^t>0,Q_2^t>0\right)x^{Q_1^t}y^{Q_2^t}\right\}\end{aligned}\tag{2-82}$$

式中，

$$g_1\left(z\right)=1+\left(\frac{1}{z}-1\right)\left[\omega p_{3(1)}f_{1d}+\omega^2\left(1-p_{3(1)}f_{1d}\right)f_{rd}\right]\tag{2-83a}$$

$$g_2\left(x,y\right)=\omega p_{3(1)}f_{1d}\left(\frac{1}{x}+\frac{1}{y}\right)+2\omega\left(1-p_{3(1)}f_{1d}\right)\tag{2-83b}$$

其中，ω 表示将时隙资源分配给两颗卫星的概率。因此，式 (2-79) 可表示为

$$\begin{aligned}\varGamma\left(x,y\right)=&\left(x\lambda+1-\lambda\right)\left(y\lambda+1-\lambda\right)\{\varGamma\left(0,0\right)+\\&g_1\left(x\right)\left[\varGamma\left(x,0\right)-\varGamma\left(0,0\right)\right]+g_1\left(y\right)\left[\varGamma\left(0,y\right)-\varGamma\left(0,0\right)\right]+\\&g_2\left(x,y\right)\left[\varGamma\left(x,y\right)-\varGamma\left(x,0\right)-\varGamma\left(0,y\right)+\varGamma\left(0,0\right)\right]\}\end{aligned}\tag{2-84}$$

由于两颗卫星的对称性，用 $\varGamma_1\left(1,1\right)$ 表示平均队列长度。根据前面的推导，并应用洛必达法则（L' Hopital Limit Theorem），可以得到：

$$\varGamma_1\left(1,1\right)=\frac{-\left[2\omega p_{3(1)}f_{1d}+\omega^2\left(1-p_{3(1)}f_{1d}\right)f_{rd}\right]\lambda^2+2\omega p_{3(1)}f_{1d}\lambda}{2\left[\omega p_{3(1)}f_{1d}+\omega^2\left(1-p_{3(1)}f_{1d}\right)f_{rd}\right]\left(\omega p_{3(1)}f_{1d}-\lambda\right)}\tag{2-85}$$

因此，两颗信源卫星对称的 S^{L} 系统中，两颗卫星缓存的平均队列长度为

$$\begin{aligned}D&=\frac{1}{\lambda}\varGamma_1\left(1,1\right)\\&=\frac{-\left[2\omega p_{3(1)}f_{1d}+\omega^2\left(1-p_{3(1)}f_{1d}\right)f_{rd}\right]\lambda+2\omega p_{3(1)}f_{1d}}{2\left[\omega p_{3(1)}f_{1d}+\omega^2\left(1-p_{3(1)}f_{1d}\right)f_{rd}\right]\left(\omega p_{3(1)}f_{1d}-\lambda\right)}\end{aligned}\tag{2-86}$$

2.4.3 CMA 系统稳定域分析方法

本节设计了基于不同轨道中继卫星的双接入系统的稳定域分析方法，该分析方法可以拓展至多颗信源卫星接入的情况，即 GR-CMA 系统和 LR-CMA 系统。然而，针对这两种系统，不同接入卫星之间的相互影响更加复杂，因而导致对这类系统稳定域分析的困难。在文献 [96] 中，也仅针对 ALOHA 协议的多用户场景的稳定域进行了讨论。接下来，本项研究对多接入对称卫星协作传输场景的稳定域分析提供一种可行的方法。考虑有 M 颗信源卫星能够接入到 GEO/LEO 中继卫星，构建原系统 S 的“支配系统”（dominant system）S^M，该系统使用与原系统相似的方式运行，不同的是，中继卫星不为任何一颗信源卫星提供转发服务。因此，系统 S^M 中的卫星缓存队列长度一定不小于原系统中的队列长度。在对称场景中，每颗信源卫星具有相同的成功传输概率：

$$P\left[\left\{L_{id}^t=1\left|L_{ir}^t=1\right.\right\}\cap C_{id}^t\right]=p_{3(1)}f_{1d} \tag{2-87}$$

因此，在对称 GR-CMA 系统 S_M^{G} 和对称 LR-CMA 系统 S_M^{L} 中，对信源卫星到达数据的服务率分别为 $\mu\left(S_M^{\mathrm{G}}\right)=p_{3(1)}f_{1d}$ 和 $\mu\left(S_M^{\mathrm{L}}\right)=p_{3(1)}f_{1d}/M$。应用 Loynes' 稳定判据，系统 S_M^{G} 和系统 S_M^{L} 的稳定条件分别为 $\lambda^{\mathrm{G}}<Mp_{3(1)}f_{1d}$ 和 $\lambda^{\mathrm{L}}<p_{3(1)}f_{1d}$，其中 λ^{G} 和 λ^{L} 分别表示两个系统的总数据包到达率。根据引理 2.1 的证明，“支配系统” S^{M} 的稳定条件是原系统 S 稳定的充分条件。因此，对称 GR-CMA 系统 S_M^{G} 和对称 LR-CMA 系统 S_M^{L} 的最大稳定吞吐量为

$$\lambda_{\mathrm{MST}}^{\mathrm{GEO}}=Mp_{3(1)}f_{1d},\quad \lambda_{\mathrm{MST}}^{\mathrm{LEO}}=p_{3(1)}f_{1d} \tag{2-88}$$

2.5 仿真分析

2.5.1 参数设置

本节将展开仿真实验，针对基于 GEO 和 LEO 中继卫星的双接入协作传输系统 S^{G} 和 S^{L}，验证本章设计协作传输协议 CCBA 和 CCTA 的性能。在 S^{G} 系统中，GEO 中继卫星轨道高度为 35 875 km；在 S^{L} 系统中，LEO 中继卫星轨道高度为 812 km。在上述两个系统中，两颗接

入 LEO 信源卫星的轨道高度分别为 645 km 和 785 km，地球半径为 6299 km。在仿真中，星间链路和星地链路的链接状态由 2.2.2 节和 2.2.3 节设计的 ON/OFF 链路通断概率模型和信道模型所决定。其他仿真参数列于表 2.1 中，其中，信号和散射信号的总功率 $\Omega = 1 + K$。

表 2.1 仿真参数

参数	参数值	描述
γ_1	2.1	星间链路路径衰落指数
γ_2	2.8	星地链路路径衰落指数
G	10 W	传输功率
N_0^1	10^{-11} W	星间链路高斯噪声平均功率
N_0^2	10^{-10} W	星地链路高斯噪声平均功率
K_1	7.78 dB	星间链路 LOS 信号与散射信号的功率比
K_2	6.99 dB	星地链路 LOS 信号与散射信号的功率比

2.5.2 系统平均最大稳定吞吐量

当 SNR 阈值 β 在 [0 dB, 50 dB] 范围内变化，以及地面站雷达最大接收仰角 α_2 分别取值 30°、60°、80° 时，首先验证本章所提出的 CCBA 和 CCTA 协议的性能。

在基于 GEO 中继卫星的双接入协作传输系统 S^{G} 中，使用 2.3.1 节设计提出的带宽分配协议 CCBA，得到的两颗接入 LEO 信源卫星的平均最大稳定吞吐量如图 2.9 所示。在这项研究中，平均最大稳定吞吐量（aggregate maximum stable throughput）定义为数据包总服务率和总到达率之比。相应地，将 2.3.2 节设计提出的 CCTA 协议应用于基于 LEO 中继卫星的双接入协作传输系统 S^{L} 中，得到的两颗接入 LEO 信源卫星的平均最大稳定吞吐量如图 2.10 所示。

图 2.9 及图 2.10 中的仿真结果显示，信源卫星的平均最大稳定吞吐量随 SNR 阈值 β 的增大而降低，这是由于随着 β 增大，数据包被成功接收的信道质量要求越高，必然导致信源卫星和中继卫星发送数据包成功率的降低，当 β 取较小值时，系统能够达到较高的传输吞吐量。另一方面，随着 α_2 可接收仰角的增大，卫星发送的数据将在更大范围被地面再接收，从而提高卫星数据包成功发送接收的概率；然而，由于该接收范围限

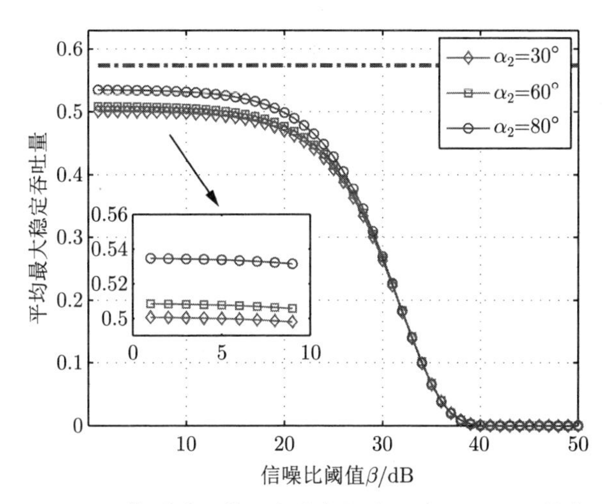

图 2.9　S^{G} 系统平均最大稳定吞吐量随 β 和 α_2 的变化

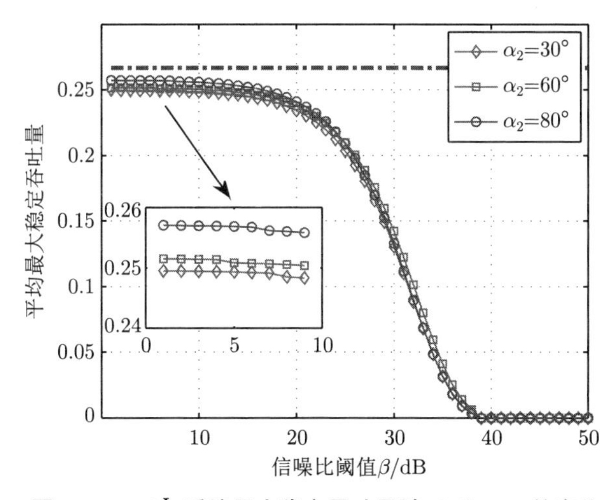

图 2.10　S^{L} 系统最大稳定吞吐量随 β 和 α_2 的变化

制，从统计意义上，α_2 的差异对平均稳定吞吐量的影响较小，这一点与图 2.10 中所反映的现象一致。另外，图 2.9 及图 2.10 中所示两个系统下的最大平均稳定吞吐量都小于 1，特别是对于 S^{L} 系统，小于 0.3，这是由于根据式 (2-5)~ 式 (2-9)，信源卫星与中继卫星之间的星间链路无法保持稳定连续连通，特别是 S^{L} 系统中，LEO 中继卫星运行速度高，且不能像 GEO 中继卫星那样与地面站建立稳定的连接链路。因此，在统计意义上，数据包的服务率远小于到达率，即平均最大稳定吞吐量远小于 1。同时，由于 CCBA 协议允许在同一时隙内同时为两颗 LEO 信源卫星分配带宽实现数据中继转发，且 GEO 中继与地面站的链路通断状态始终为“ON”，因此，S^{G} 系统可以达到比 S^{L} 系统更高的吞吐量。此外，图 2.9 及图 2.10 中所示上界的点虚线表示当星间链路及星地链路不限于 α_2 可接收仰角的接收范围，即仅取决于两点之间的可见性，且 $\beta > 0$ 无穷小时，系统 S^{G} 和 S^{L} 可以达到的平均最大稳定吞吐量。

接下来验证接入 LEO 信源卫星轨道高度对系统最大稳定吞吐量的影响。将两颗 LEO 信源卫星的轨道高度由 300 km 增加至 10 000 km，即 LEO 卫星的典型轨道高度，$\beta = 10$，$\alpha_2 = 80°$，其他参数见表 2.1，分别在 S^{G} 和 S^{L} 系统中使用提出的 CCBA 和 CCTA 资源分配协议，对两系统 LEO 信源卫星的平均最大稳定吞吐量进行仿真，结果分别如图 2.11 及图 2.12 所示。

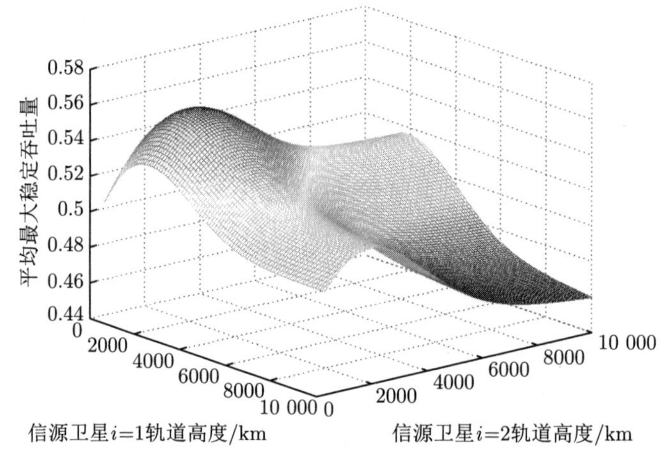

图 2.11 S^{G} 系统最大稳定吞吐量随两颗 LEO 信源卫星轨道高度变化（见文前彩图）

仿真结果显示，在 S^{G} 系统中，当两颗 LEO 卫星均部署于 2200 km 轨道高度附近时，可以得到平均最大稳定吞吐量；而对于 S^{L} 系统，这一最优部署轨道高度为 2800 km 附近。这是由于随着轨道高度逐渐升高，根据式 (2-5)~ 式 (2-9)，LEO 信源卫星与地面站和中继卫星的连接概率将会提高，从而获得中继转发以及直接将数据传输至地面站的概率将会提高，因此，从统计意义上，提高了对两颗信源卫星数据的服务率，进而提高

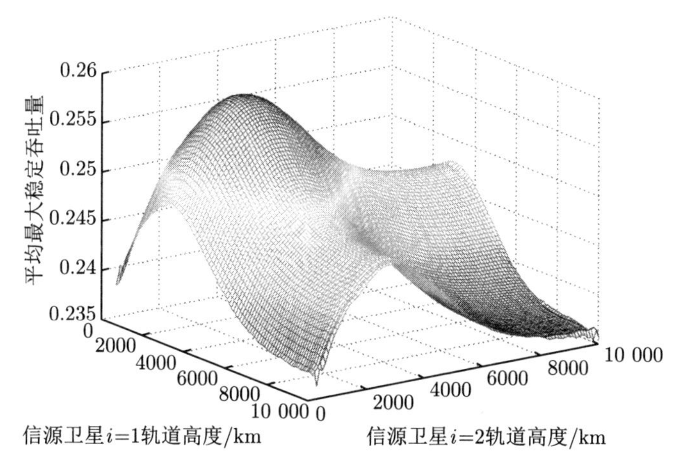

图 2.12　S^{L} 系统平均最大稳定吞吐量随两颗 LEO 信源卫星轨道高度变化（见文前彩图）

了系统吞吐量。然而，信源卫星轨道高度的持续增高会导致它们更多的机会使用中继卫星资源，进而使中继卫星资源的空闲概率降低。具体地，对于 S^{G} 系统，由于一颗卫星与 GEO 中继卫星连接机会更多，另一颗卫星使用空闲带宽资源以 ω_0 进行数据传输的概率降低；而对于 S^{L} 系统，另一颗卫星转发给中继卫星的数据将获得更少的时隙资源被中继传输回地面站。因此，随着信源卫星轨道高度增高，稳定吞吐量将会降低，即如图 2.11 及图 2.12 所示，当 S^{G} 和 S^{L} 系统中的信源卫星轨道高度分别超过 2200 km 和 2800 km 时，平均最大稳定吞吐量将会降低。

2.5.3　系统平均队列延迟

本节通过仿真验证提出资源分配协议的延迟特性。在 S^{G} 系统中，根据 CCBA 协议及假设，GEO 中继卫星能够同时接收和转发接收到的数据，因此，本节仅针对 S^{L} 系统使用 CCTA 协议的延迟特性进行验证。

对 S^{L} 系统使用 CCTA 协议，改变信源卫星 $i=1$ 的数据包到达率 λ_1，取值范围为 $[0,0.25]$，SNR 阈值 β 取值为 5 dB、15 dB 和 25 dB，地面站最大接收仰角 α_2 取值为 60° 和 80°。图 2.13 给出了每颗 LEO 信源卫星缓存队列的平均等待延迟随 λ_1、β 和 α_2 的变化情况。由于到达率的提高会导致更多存储转发任务，从而导致平均等待延迟增长；同时，由于较高的 SNR 阈值和小的地面站最大接收仰角会导致接收概率和范围降低，从而导致较大的队列平均等待延迟。这些特性在图 2.13 中均得到了验证。

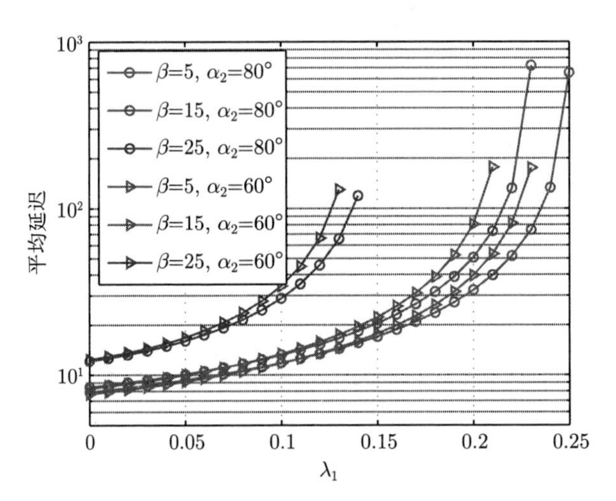

图 2.13 S^{L} 系统平均队列等待延迟随 λ_1、β 和 α_2 的变化（见文前彩图）

2.5.4 性能对比

将本章设计的 CCBA 协议和 CCTA 协议与无中继卫星协作传输场景以及现有协作传输协议在信源卫星平均最大稳定吞吐量方面进行对比，在无中继卫星提供协作传输的场景中，使用 GEO 卫星得到的 $p_{3(i)}$（$i=1,2$）以保证对比的平等性。在基于 LEO 中继卫星的双接入协作传输系统中，使用选择解码转发（selection decode-and-forward，SDF）协议[97] 与本章提出的 CCTA 协议进行对比。文献 [85] 分析并给出了 SDF 协议的稳定条件：

$$\frac{\lambda_1}{\mathrm{Pr}_{1,\mathrm{SDF}}\{C\}}+\frac{\lambda_2}{\mathrm{Pr}_{2,\mathrm{SDF}}\{C\}}<\frac{1}{2} \tag{2-89}$$

其中，$\mathrm{Pr}_{i,\mathrm{SDF}}$（$i=1,2$）表示在使用 SDF 协议的系统中成功传输的概率，$\mathrm{Pr}_{i,\mathrm{SDF}}$ 可以通过式 (2-90) 计算得到：

$$\begin{aligned}\mathrm{Pr}_{i,\mathrm{SDF}}\{C\}=&\left(1-p_{3(i)}^2f_{id}^2\right)^2\left[1-\left(1-p_{3(i)}\right)^2f_{ir}^2\right]+\\&\left(1-p_{3(i)}^2f_{id}^2\right)\left(1-p_{3(i)}\right)^2f_{ir}^2\left(1-f_{rd}^2\right)\end{aligned} \tag{2-90}$$

此外，在基于 GEO 中继卫星的双接入协作传输系统中，仍使用本章提出的 CCBA 协议进行带宽资源分配。令 $\alpha_2 = 80°$。图 2.14 显示了四种场景下两信源卫星平均最大稳定吞吐量随 SNR 阈值 β 的变化情况。图中结果揭示了在无中继卫星提供协作传输时，由于 LEO 信源卫星仅能在地面站接受范围内建立与地面站的数据传输链路，由式 (2-7) 可知，在卫星运行过程中，该连接概率非常低，因此在统计意义上，该场景下的平均最大稳定吞吐量较小。其次，在 S^{L} 系统中，当 β 取值较小时，由于 SDF 协议采用时隙复用策略[85,97]，因此可以达到与本章设计的 CCTA 协议接近的吞吐量；然而随着 β 增大，即传输质量要求提高时，本章设计的 CCTA 协议表现出比 SDF 协议更优的性能，可以获得更高的平均最大稳定吞吐量。此外，由于 S^{G} 系统中信源卫星与中继卫星更大的连接范围，以及设计的 CCBA 协议中带宽分配与时隙复用方式，因此，应用 CCBA 协议的 S^{G} 系统可以达到最高的平均最大稳定吞吐量。

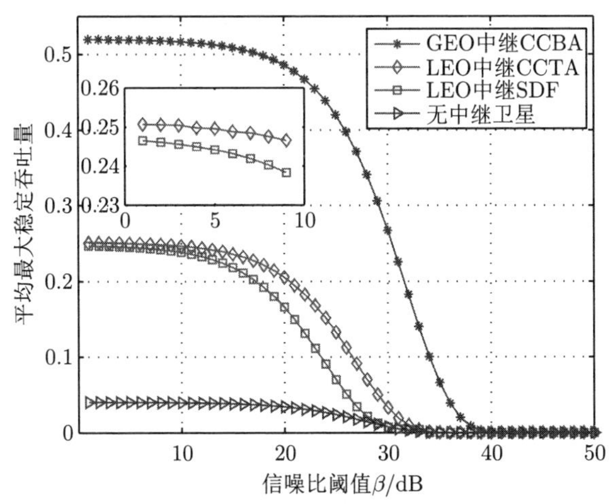

图 2.14　不同 β 下系统平均最大稳定吞吐量对比仿真（$\alpha_2 = 80°$）

最后，本节验证了地面站最大接收角 α_2 对上述四种场景中平均最大稳定吞吐量的影响，其中，α_2 仍取值 30°、60°、80°, $\beta = 10$ dB，其他参数与之前仿真参数设置相同。图 2.15 所示仿真结果揭示了随着 α_2 增大，卫星与地面站能够获得更大的连接范围，因此，四种场景下的平均最大稳定吞吐量均增大。同时，应用 CCBA 协议的 S^{G} 系统性能最优，可以实现最大的稳定吞吐量。此外，所提出的 CCTA 协议性能略优于 SDF 协议性能。而当系统中没有中继卫星提供协作传输时，两颗信源卫星所能达到的平均最大稳定吞吐量非常小。图 2.15 所示仿真结果与图 2.14 结果一致。

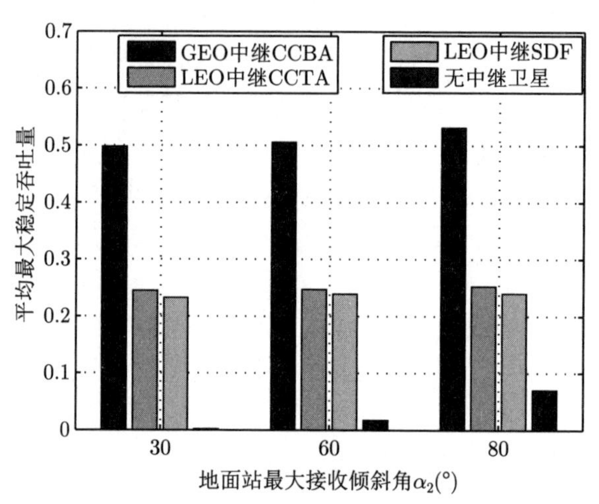

图 2.15　不同 α_2 下系统平均最大稳定吞吐量对比仿真（$\beta = 10$ dB）（见文前彩图）

2.6　小　　结

对地观测卫星主要部署于 LEO，高轨道速度、有限的过顶时间以及协作机制的缺乏导致 LEO 卫星无法与地面站建立连续稳定的连接。目前，许多国家已经部署了位于 GEO 的 DRS，如美国的 TDRSS 和我国的“天链”，用来为航天器提供数据中继和测控服务。然而，由于对地观测卫星通常属于不同的管理部门，系统之间独立管理，DRS 的中继服务并没有得到有效的普及。此外，目前部署的 DRS 大多具有特定的任务需求，如“天链”主要用于我国载人航天器的数据中继和测控需求，其他业务卫星在使用“天链”中继资源时，仍主要采用传统的任务提前规划、人为控制等方式，这也制约了 DRS 的资源高效利用。针对这些问题，本章结合不同空间中继传输资源的特征，建立了不同的协作传输系统和中继传输资源动态分配机制，能够高效利用空间信息网络中的传输资源，最大化提升网络的协作传输能力。

首先，面向空间信息网络这一具体应用场景，本章建立了基于 GEO 中继卫星和 LEO 中继卫星的多接入协作传输系统 GR-CMA 和 LR-CMA。在 GR-CMA 和 LR-CMA 系统中，GEO 和 LEO 中继卫星分别可以为多颗同时接入并具有数据传输需求的 LEO 信源卫星提供数据中继转发服务，从而提高数据的回传效率。为刻画网络中数据包的到达以及数据包在卫星之间和星地之间的传输过程，本章建立了多接入排队系统模型，并设计了 ON/OFF 链路通断概率模型来表征星间与星地间的链路连接状态。通过建立这一模型，本章在仿真部分验证了不同参数，包括 SNR 阈值、地面站最大接收仰角以及信源卫星轨道高度，对系统平均最大稳定吞吐量及延迟性能的影响，从而有助于为空间信息网络通信载荷传输质量、地面站雷达部署以及卫星轨道选择提供理论参考。

其次，本章针对 GEO 及 LEO 中继卫星轨道及传输能力的区别，分别为 GR-CMA 和 LR-CMA 系统设计了基于认知的协作传输资源分配协议 CCBA 和 CCTA，对 GEO 中继卫星的带宽资源和 LEO 中继卫星的时隙资源进行分配。所提出的协议将认知功能引入中继卫星的资源分配中，通过中继卫星感知协作传输过程中所分配资源的空闲状态，并利用空闲的带宽资源和时隙资源为有传输需求的接入信源卫星提供有效的传输，从而提高中继卫星传输资源的利用率和传输效率。仿真结果验证了所提出的基于认知的协作传输协议可以有效提高接入信源卫星的平均最大稳定吞吐量，并改善系统的传输延迟。

此外，为评估所提出 CCBA 和 CCTA 协议的性能，本章通过系统分解的方法，推导得到了在资源分配向量确定条件下基于 GEO 和 LEO 中继卫星的双接入协作传输系统 S^{G} 和 S^{L} 的稳定域；并通过得到的稳定域，以稳定条件下系统最大吞吐量为优化目标建立优化问题，推导得到了最优资源分配策略。通过对推导得到的稳定域进行不同参数条件下的仿真，验证了推导结果的合理性。该稳定域推导结果是空间信息网络认知协作传输下的网络传输极限，为网络性能掌控和优化提供了理论依据。

综上所述，本章通过对空间信息网络协作传输能力增强问题的研究，挖掘了高时效性传输与网络稳定性的相互制约关系，得到协作传输的稳定容量界，为未来空间信息网络高时效性数据稳定传输的实现与优化提供了重要理论依据。以此作为理论基础，可以进一步开展协作机制实现、面向不同业务信源卫星接入、具有不同优先级需求的网络化高效传输等问题的研究。

第 3 章　基于多源业务特性预测的地面资源动态分配

3.1　引　　言

在空间信息网络中，如何设计协作机制，以达到高效的资源分配，并实现网络资源利用率和利用效能最大化，对提高网络高时效数据获取与传输性能尤为重要。第 2 章从认知与传输能力增强出发，通过对基于中继卫星的多接入协作传输系统进行性能分析和传输资源优化配置，实现了网络对高时效数据传输业务服务能力的提升。然而，随着卫星系统中各个应用领域传输业务需求日益增长，不同传输业务，特别是突发性业务、多媒体业务，对空间信息网络动态资源分配机制的高效性、自适应性以及传输质量提出了更严峻的挑战。以台风监测跟踪卫星系统为例，目前我国已部署了大量太阳同步轨道（SSO）卫星（如风云三号卫星 FY-3A/B）以及地球同步轨道（GEO）卫星（如风云二号卫星 FY-2G/E/F 和风云四号卫星 FY-4），用以获取台风在发生–发展–消散过程中的雷达或光学图像；此外，作为当今世界上 GEO 分辨率最高的对地观测卫星，我国部署于 GEO 的高分四号卫星（GF-4）搭载有 50 m 分辨率的秒级凝视成像设备，并具备准视频成像功能，能够对台风运动轨迹实施连续动态视频获取[98]。

目前，我国不同系列的卫星分属于不同部门，卫星在获取上述这些图像或视频等多媒体数据后，需要及时回传至地面站，并通过地面站分发至相应的管理部门或不同数据用户。然而，在空间信息网络中，地面传输服务资源（如传输功率和服务速率）是有限的。同时，卫星与地面站无法建立持续稳定的连接也从传输资源可用性方面导致了传输资源受限的约束。

在这些约束下，针对不同业务需求，恰当的资源分配策略应当保证地面传输服务资源利用率的最大化以及每颗卫星回传数据延迟的最小化。因此，与第 2 章讨论对象类似，本章将继续围绕多颗信源卫星接入场景下空间信息网络资源动态优化分配问题展开研究。在第 2 章中，本书对中继卫星的传输资源进行基于认知协作的分配，从而实现了系统协作传输能力增强。本章将围绕不同业务传输需求，对地面传输服务资源进行优化分配，从而实现资源高效利用和传输服务时效性提高。在本章讨论场景中，地面站作为云处理服务中心，可以感知不同接入卫星的数据流量到达以及信道状态信息（channel state information，CSI），并为多颗接入卫星不同特性的业务数据提供处理和传输，进而将数据分至不同的数据需求部门。这里假设地面云处理的流量感知能力是合理的，这一感知能力可以通过现有流量感知技术得以实现，如动态流量检测[99]、基于 KL 散度（Kullback-Leibler divergence，KLD）测量的数据包采样技术[100]、基于感知序列置信区间的流量估计技术[101]。

目前研究表明，对业务数据流量特性的学习和预测以及对未来到达数据的预服务（predictive service）机制能够有效提高传输系统性能[35]。因此，本章将对卫星传输业务的数据流量特征进行挖掘，将训练得到的流量特征用于对未来到达数据量的预测，并基于该预测引入预服务机制，研究基于视频流量预测的地面传输服务资源动态优化分配策略。具体地，本章的研究内容和贡献主要为以下三点：

（1）针对空间信息网络中的视频传输业务设计了基于云处理的地面站传输服务资源分配机制。在该场景中，云处理服务器能够感知卫星接入及接入卫星数据到达、预测未来视频流量到达以及实施基于预测信息的资源分配策略。

（2）建立了基于多层小波分解及 BP（反向传播算法，backpropagation）神经网络的视频流量预测系统。在该系统中，到达的流量序列首先依据不同分辨率进行多层离散小波分解，分解得到的数据流量的低频和高频成分分别作为 BP 神经网络的输入进行预测，最终得到对数据流量未来到达的预测。

（3）针对空间信息网络中的视频传输业务，本章基于数据流量的预测信息提出了基于未来流量预测的地面传输服务资源分配策略。该策略引入背压原理及算法，将预测信息应用于当前资源分配决策中，并考虑空间信息网络的能量损耗及信道传输状态信息，对资源进行动态优化分配，以实现网络传输效率及资源利用率等方面的性能优化。

本章内容安排如下。3.2 节首先建立了系统模型。3.3 节设计了基于多分辨率小波分解及 BP 神经网络的流量预测系统，用以视频流量预测。在 3.4 节中，结合基于背压原理的预服务机制，详细分析并提出了面向空间信息网络的地面传输服务资源分配机制。3.5 节通过仿真实验验证了所设计的预测系统性能以及资源分配协议对传输延迟的改进。3.6 节为本章总结。

3.2　系统模型

本章讨论基于地面云处理的空间信息网络，对云处理资源的控制管理能力能够有效提高系统的规模可扩展性和能力可伸缩性。空间信息网络运行于高动态的网络环境中。一方面，由于高速变化的网络拓扑，星间链路（ISL）与星地链路（SGL）难以保持稳定和连续的连接；另一方面，随着空间信息网络基础设施建设的不断推进，网络中卫星和相应数据传输量的规模不断增长，并通过卫星的更新换代来实现网络获取和传输能力增强。这些卫星设施及功能的进步将对整个网络的优化管理控制带来新的挑战。云处理能够提供泛在的任务驱动的网络接入，实现网络资源配置的全局优化，并能适应网络规模、能力扩展。因此，本章引入地面云处理服务，对卫星接入信息和数据流量进行感知，并对其传输服务资源进行分配，通过基于云处理的网络架构，实现对网络的可扩展性和自适应性的增强。

如图 3.1 所示，本章建立基于云处理服务的空间信息网络多接入排队系统。在该系统中，地面处理服务器能够获取 $N<\infty$ 颗接入信源卫星的流量信息，这些卫星（$i=1,2,\cdots,N$）将使用地面服务器的资源实现数据处理和传输，地面服务器用 d 表示。在这项研究中，N 颗信源卫星可以部署在不同轨道，地面服务器作为云处理中心部署在地面站，是信源卫星传输数据的信宿节点，并能实现卫星数据流量感知、视频流量预测以及传输处理资源分配的功能。此外，本章使用时隙划分方式对系统运行过

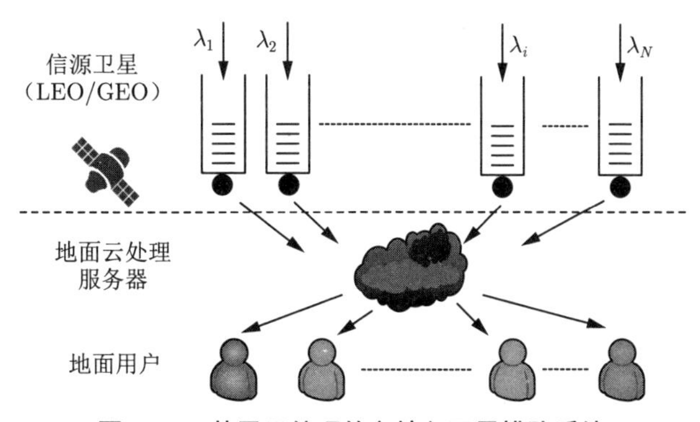

图 3.1 基于云处理的多接入卫星排队系统

程进行分析，用整数序列 $t \in \{0,1,2,\cdots\}$ 表示各个时隙。

3.2.1 流量模型

将不同卫星的视频数据流量作为系统各个接入卫星的数据到达，使用 $A_i(t)$ 表示在时隙 t 到达卫星 i（$i=1,2,\cdots,N$）的新的数据包总量，以时隙长度作为单位时间长度，该数据包总量在本项研究中作为到达的数据流量。用 $\boldsymbol{A}(t)=[A_1(t),A_2(t),\cdots,A_N(t)]$ 表示在时隙 t 所有接入信源卫星的数据流量向量。假设每颗卫星在不同时隙的数据到达是独立同分布的（i.i.d.），并使用 $\lambda_i=E\{A_i(t)\}$ 表示卫星 i 的数据到达率。这里假设不同卫星的数据到达过程是不相关的。此外，对所有信源卫星 i 及任意时隙 t，假设存在 $A_{\max}$，使 $0 \leqslant A_i(t) \leqslant A_{\max}$。

3.2.2 信道模型

在本章所讨论场景中，考虑卫星与地面站传输的视距（LOS）路径信号能量与其他散射信号相比在接收信号中占主要成分，因此，与 2.2.3 节的信道建模相似，本章仍使用莱斯衰落与加性高斯噪声（AGWN）信道对卫星与地面站之间的无线信道进行建模。地面站 d 在 t 时隙接收到来自信源卫星 i 的信号表示为

$$y_i^t=\sqrt{Gl_i^{-\gamma}}h_i^t x_i^t+n_i^t \tag{3-1}$$

其中，x_i（$i=1,2,\cdots,N$）表示第 i 颗卫星的发送数据，G 为传输功率，l_i 表示卫星 i 与地面站 d 之间的距离，γ 表示路径衰落指数；此外，n_i^t 表

示在 t 时隙，i 与 d 之间独立同分布的加性高斯噪声，其均值为零，方差为 N_0[85-86]。与式 (2-10) 中定义相同，在式 (3-1) 中，$h_i = X_1 + jX_2$ 建模为循环对称复高斯随机（circularly symmetric complex Gaussian）变量，表示信道衰落系数。类似地，可以推导得到卫星 i 与地面站 d 之间的传输信噪比（SNR）为

$$\mathrm{SNR}_i = |h_i|^2 l_i^{-\gamma} G/N_0 \tag{3-2}$$

其中，$|h_i|^2$ 服从非中心卡方分布（non-central Chi-square distribution，$\mathcal{X}^2$），其概率密度函数如式 (2-13) 所定义。与 2.2.3 节分析方式类似，本节定义了当 SNR 阈值 β 给定时，卫星 i 与地面站 d 之间数据包成功传输接收的概率：

$$\begin{aligned} f_i \triangleq \Pr\{C_i\} &= \Pr\left\{|h_i|^2 \geqslant \frac{\beta N_0 l_i^{\gamma}}{G}\right\} \\ &= \int_{\frac{\beta N_0 l_i^{\gamma}}{G}}^{+\infty} \frac{K+1}{\Omega} \exp\left[-K - \frac{(K+1)h}{\Omega}\right] \times \\ &\qquad \mathrm{I}_0\left[2\sqrt{\frac{K(K+1)h}{\Omega}}\right] \mathrm{d}h \end{aligned} \tag{3-3}$$

其中，C_i 表示卫星 i 与地面站 d 之间数据包成功传输接收事件。

3.2.3 预服务模型

本节依据图 3.1 所建立的基于云处理的多接入卫星排队系统，讨论针对卫星到达数据流量的预服务机制。本章分配的资源是地面云处理器的传输服务资源，以及功率和相应的传输服务率。因此，本节对云服务器用于数据包处理的功率在不同时隙为各个接入信源卫星的预分配机制展开讨论。令 $P_i(t)$ 表示在时隙 t 为卫星 i 分配的用于数据包传输服务的功率，则云服务器的功率分配向量可表示为 $\boldsymbol{P}(t) = [P_1(t), P_2(t), \cdots, P_N(t)]^{\mathrm{T}}$。

接下来分析卫星与地面站之间的传输链路状态。空间信息网络属于高动态系统，信道衰落系数 h_i 以及来自不同卫星的不同数据传输服务请求等因素都会随时间动态变化。这种情况会对云服务器产生不同的功率和其他资源消耗，以及不同服务速率请求。为刻画链路连接与传输状态的变化，使用 $S_i(t)$ 表示在 t 时隙信源卫星 i 与地面站之间的链路

状态。因此，系统中 N 颗卫星与地面站的链路状态可用向量 $\boldsymbol{S}(t) = [S_1(t), S_2(t), \cdots, S_N(t)]^{\mathrm{T}}$ 表示。假设 $\boldsymbol{S}(t)$ 在状态集合 $\{s_j\}_{j=1}^{K}$ 中取值，相应的取值概率为 $p_{s_j}^{i}(t) = \Pr\{S_i(t) = s_j\}$。当链路状态为 s_j 时，云处理器的功率分配向量 $\boldsymbol{P}(t)$ 在集合 $\mathcal{P}^{(s_j)}$ 中取值，且对所有 $P_i(t) \in \boldsymbol{P}(t)$，均存在常数 $P_{\max} > 0$，使对所有卫星 $i = 1, 2, \cdots, N$，在任意时隙 t 均满足 $0 \leqslant P_i(t) \leqslant P_{\max}$。

假设云处理器能够感知链路状态并从相应的功率分配集合 $\mathcal{P}^{(s)}$ 中采取适合的功率分配策略。给定链路状态向量 $\boldsymbol{S}(t)$ 和功率分配向量 $\boldsymbol{P}(t)$，定义云服务器在单一时隙内对每颗接入卫星所能提供的数据包传输总量，即数据包服务率，表示为

$$\mu_i(t) = \mu_i(S_i(t), P_i(t)), \quad \forall i = 1, 2, \cdots, N \tag{3-4}$$

其中，$\mu_i(S_i(t), P_i(t))$ 是 $S_i(t)$ 和 $P_i(t)$ 的连续函数。假设存在约束 $0 \leqslant \mu_i(S_i(t), P_i(t)) \leqslant \mu_{\max}$，对所有卫星 i、时隙 t 以及 $S_i(t)$ 和 $P_i(t)$ 均成立。在这项研究中，令 $S_i(t) \in \{1, 2\}$，其中，$S_i(t) = 1$ 表示卫星 i 与地面站 d 之间的传输链路不存在，此时，将为该卫星到达的数据提供低的服务率；$S_i(t) = 2$ 表示该链路存在，此时，分配给卫星 i 的服务率将高于 $S_i(t) = 1$ 状态下分配的服务率。根据 3.2.2 节中的分析，令

$$p_1^i(t) = 1 - f_i(t), \quad p_2^i(t) = f_i(t) \tag{3-5}$$

其中，$f_i(t)$ 由式 (3-3) 定义。本项研究中，考虑云处理器的数据包服务率与链路状态 $S_i(t)$ 和分配功率 $P_i(t)$ 的关系为[35]

$$\mu_i(t) = \lfloor \log(1 + S_i(t) P_i(t)) \rfloor \tag{3-6}$$

由于本章定义数据服务率为单时隙内云服务器可以服务的数据包数量，因此，式 (3-6) 中，$\lfloor x \rfloor$ 定义为不超过 x 的最大整数。

大多数关于多接入队列系统传输资源分配的研究主要基于不同队列当前或已到达的数据进行资源动态优化，这种资源分配机制会由于业务数据流量的随机性导致系统性能降低，如严重的传输延迟，特别是在传输具有突发性特征的视频业务数据时，系统中各队列中发生拥塞的概率将会提高。在本章中，我们主要讨论由于排队系统的队列等待时间导致的传

输延迟。为了降低传输延迟、提高业务传输的服务质量，本项研究引入预服务机制，即对未来可能到达的数据提供预测，并提前分配传输资源，从而实现预服务机制 [102-103]。

假设地面站云服务器能够对每颗卫星未来数据到达进行预测，并基于预测的流量信息预先对这些队列分配功率资源实现预服务。令 $D_i \geqslant 1$ 表示对第 i 颗信源卫星数据流量进行预测的预测窗口长度。则在任意时隙 t，地面云服务器对于每颗信源卫星 $i=1,2,\cdots,N$ 可以预测的流量信息前向窗口可表示为 $\{A_i(t), A_i(t+1), \cdots, A_i(t+D_i-1)\}$，其中，$A_i(t+1), \cdots, A_i(t+D_i-1)$ 表示在未来时隙预测的数据到达量，即流量。假设在任意时隙的到达数据仅能在之后的时隙对其进行传输服务。在任意时隙 t，令 $\mu_i^{(\tau)}(t)$（$\tau=0,1,\cdots,D_i-1$）表示在时隙 t 预先分配给未来到达数据 $A_i(t+\tau)$ 的服务率，此外，用 $\mu_i^{(-1)}(t)$ 表示分配给已经到达并在队列中数据的服务率。对所有 $\mu_i(t)$，以下条件均成立：

$$\sum_{\tau=-1}^{D_i-1} \mu_i^{(\tau)}(t) \leqslant \mu_i(t) \tag{3-7}$$

3.2.4 排队模型

令 $Q_i(t)$ 表示 t 时隙在云服务器中来自于第 i 颗信源卫星的数据包队列长度，则该队列长度的动态变化过程可表示为

$$Q_i(t+1) = \max\left\{Q_i(t) - \mu_i^{(-1)}(t), 0\right\} + A_i^{(-1)}(t) \tag{3-8}$$

其中，$A_i^{(-1)}(t)$ 表示第 i 颗卫星到达数据在经过一系列预服务过程后实际进入等待队列的数据包总量。具体来说，使用之前预先分配的传输服务率对到达队列的数据包进行服务，该处理过程可归纳为以下两种情况：

（1）$-1 \leqslant \tau \leqslant D_i-2$:

$$A_i^{(\tau)}(t) = \max\left\{A_i^{(\tau+1)}(t) - \mu_i^{(\tau+1)}(t-\tau-1), 0\right\} \tag{3-9}$$

（2）$\tau = D_i - 1$:

$$A_i^{(\tau)}(t) = A_i(t) \tag{3-10}$$

本项研究将系统稳定性定义为系统中平均队列长度有限，见定义 3.1。

定义 3.1　在 N-队列排队系统中，令 $E\{Q_i(t)\}$ 表示队列 i 的平均队列长度，当

$$\bar{Q} \triangleq \limsup_{t\to\infty} \frac{1}{t} \sum_{\tau=0}^{t-1} \sum_{i=1}^{N} E\{Q_i(\tau)\} < \infty \tag{3-11}$$

时，系统是稳定的。

通过上述讨论，针对本章研究场景，系统资源分配的优化目标是要在系统队列稳定的约束条件下，找到一种功率分配和管理机制，能够实现平均时间“代价”（成本，延迟）最小。该优化问题可建模为

$$\min \quad \bar{f}_{\mathrm{c}} = \limsup_{t\to\infty} \frac{1}{t} \sum_{\tau=0}^{t-1} E\{f_{\mathrm{c}}(\boldsymbol{S}(\tau), \boldsymbol{P}(\tau))\} \tag{3-12a}$$

$$\text{s.t.} \quad \limsup_{t\to\infty} \frac{1}{t} \sum_{\tau=0}^{t-1} \sum_{i=1}^{N} E\{Q_i(\tau)\} < \infty \tag{3-12b}$$

其中，$f_{\mathrm{c}}(\boldsymbol{S}(t), \boldsymbol{P}(t))$ 表示给定 $\boldsymbol{S}(t)$ 和 $\boldsymbol{P}(t)$ 条件下，在 t 时隙由于功率损耗对云服务器产生的“服务成本”。在这项研究中，将 t 时隙云服务器的功率损耗总和作为云服务器的服务成本：

$$f_{\mathrm{c}}(\boldsymbol{S}(t), \boldsymbol{P}(t)) = \sum_{i=1}^{N} P_i(t) \tag{3-13}$$

假设存在 $f_{\mathrm{c\,max}}$，对于所有 t、$\boldsymbol{S}(t)$ 和 $\boldsymbol{P}(t)$，$f_{\mathrm{c}}(\boldsymbol{S}(t), \boldsymbol{P}(t)) \leqslant f_{\mathrm{c\,max}}$ 均成立。

3.3　基于离散小波分解的 BP 神经网络流量预测系统

视频流量具有突发特性（burst），表现为在短时间内随机集中产生大量数据包。同时，视频流量的自相关呈现出双曲衰落的特征（hyperbolic decay），即长时相关特征。对这类突发、长时相关随机业务流量的准确预测是存在困难的。

针对这些特性，本节引入离散小波变换（DWT）对视频流量的特征进行分解，实现不同尺度上预测，从而提高流量预测准确度。DWT 可将随机信号序列在不同维度和分辨率进行分解，使用近似系数（approximation coefficients）和细节系数（detail coefficient）实现表征，近似系数对应于信号的大尺度、低频分量，细节系数对应于信号的小尺度、高频分量。通过这种分解，DWT 能够同时实现对信号在时域和频域上的表征，可以有效用于非平稳信号的分析处理。视频流量的长时相关特性可以通过这种多维度的分解过程实现有效提取和分析。同时，对提取出的不同维度的流量特征，可以通过人工神经网络（ANN）对其学习并完成预测。首先，ANN 提供了一种非线性的方法对模式进行学习，获得输入与输出的隐含函数关系，这种关系是不可知或不可解析刻画的。此外，ANN 可以对非平稳的动态过程进行建模，进而解决视频流量强相关性带来的预测困难。因此，本节将引入多维小波分解设计基于反向传播算法（BP）的 ANN 预测系统，即 DWT-BP 预测系统，用于视频流量的准确预测。DWT-BP 预测系统作为云处理中心的一个组成部分，为下一阶段的功率及服务率分配提供流量预测信息。

3.3.1 多层小波分解

本节将简要介绍用于视频流量分解的 DWT 技术。小波变换使用小波母函数通过调整平移参数和尺度参数对信号进行分解。DWT 是通过对连续小波变换（continuous wavelet transform，CWT）经过离散化得到，对连续信号 $x(t)$ 的 CWT 定义为

$$W(a,b)=\frac{1}{\sqrt{a}}\int_{-\infty}^{+\infty}x(t)\,\phi\left(\frac{t-b}{a}\right)\mathrm{d}t \tag{3-14}$$

其中，$a>0$ 是表征小波伸缩性的尺度（scaling）参数，$b>0$ 是由中心位置决定的平移（translation）参数，$\phi(t)$ 表示小波母函数。离散信号 $x(k)$ 的 DWT 定义为

$$(m,n)=\frac{1}{\sqrt{2^m}}\sum_{k=0}^{T-1}x(k)\,\phi\left(\frac{k-n\cdot 2^m}{2^m}\right) \tag{3-15}$$

其中，T 表示信号长度，k 表示离散时间刻度，整数参数 m 和 n 分别为离散尺度参数和平移参数（$a=2^m$，$b=n\cdot 2^m$）[104]。通过使用有效的滤波算法[105]，DWT 可以实现对离散信号在不同频率使用不同分辨率的分析。具体来说，该算法使用低通和高通滤波，将离散信号分解为近似分量

和细节分量，分别表示信号中的低频和高频分量。对离散信号 $x(k)$，这一处理过程可表示为

$$y_{\text{high}}(k) = \sum_{n=-\infty}^{+\infty} x(n)\, h(2k-n) \tag{3-16a}$$

$$y_{\text{low}}(k) = \sum_{n=-\infty}^{+\infty} x(n)\, g(2k-n) \tag{3-16b}$$

其中，$h(k)$、$g(k)$ 分别表示高通滤波器和低通滤波器。通过信号分解，得到的近似分量反映了信号的慢变特征，并可以重复式 (3-16b) 所示分解过程进行多层分解。图 3.2 表示一个双层 DWT 信号分解过程，图中，A_1、A_2 表示第一层和第二层的近似分量，D_1、D_2 表示第一层和第二层的细节分量。通过降采样过程，如图中“$\downarrow 2$”符号所示，信号的长度保持不变。

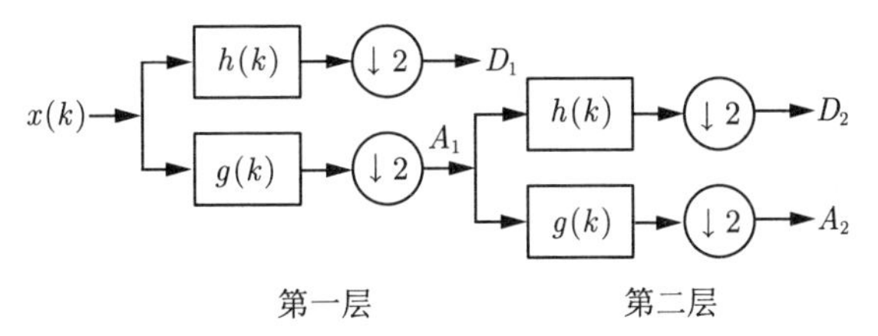

图 3.2　双层离散小波分解

3.3.2　BP 神经网络预测

反向传播算法（BP）是前向反馈 ANN 中用于监督学习的重要方法。BP 神经网络由输入层（input level）、输出层（output level）以及若干层隐层（hidden level）组成，图 3.3 给出了典型的单隐层 BP 神经网络结构，其中，输入层接收外部输入向量，该向量通过有权连接传至隐层神经元（neuron）节点，然后在神经元节点计算相应的激活值（activations），并将激活值传送至输出层或下一隐层。在这一过程中，给定的输入向量可以视为在网络中前向传播，而在输出层形成的最终激活值作为输出向量。图 3.3 中，输入层、隐层、输出层的神经元数量分别为 n、l 和 m，x_i（$i=1,2,\cdots,n$）、z_j（$j=1,2,\cdots,l$）和 y_k（$k=1,2,\cdots,m$）分别表示相应层的激活值；v_{ji} 表示从输入层神经元 i 到隐层神经元 j 的连接权重，

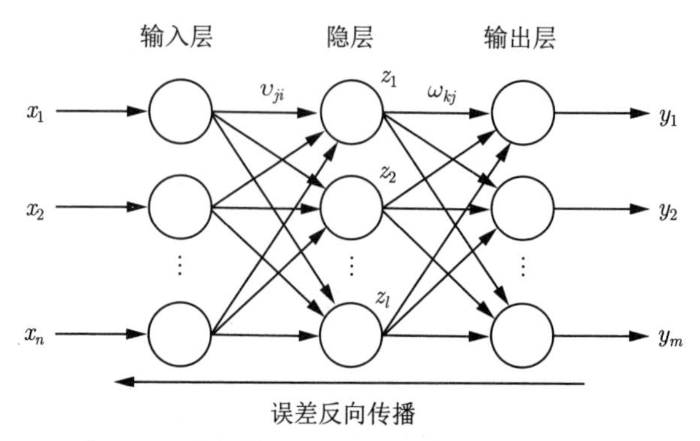

图 3.3　基于反向传播算法（BP）的典型三层神经网络模型结构

ω_{kj} 表示从隐层神经元 j 到输出层神经元 k 的连接权重。在输入层和隐层的神经元中，激活值通过非线性激活函数计算得到，并在隐层和输出层得到激活值的输出：

$$z_j = f\left(net_j\right) = f\left(\sum_{i=1}^{n} v_{ji}x_i - \theta_j\right), \quad j = 1, 2, \cdots, l \tag{3-17a}$$

$$y_k = f\left(net_k\right) = f\left(\sum_{j=1}^{l} \omega_{kj}z_j - \vartheta_k\right), \quad k = 1, 2, \cdots, m \tag{3-17b}$$

其中，θ_j 和 ϑ_k 为单位偏值，可以作为权重处理。在式 (3-17a) 和式 (3-17b) 中，$f\left(\cdot\right)$ 为非线性激活函数，通常情况下，可以选择标准 Sigmoid 逻辑函数（Sigmoid logistic function）作为激活函数，该函数定义及特征如下：

$$f_{\text{sig}}\left(\text{net}\right) = \left(1 + \mathrm{e}^{-\text{net}}\right)^{-1} \tag{3-18a}$$

$$\frac{\partial f_{\text{sig}}\left(\text{net}\right)}{\partial \text{net}} = f_{\text{sig}}\left(\text{net}\right) \cdot \left(1 - f_{\text{sig}}\left(\text{net}\right)\right) \tag{3-18b}$$

BP 学习算法的基本思想是：通过重复使用链式准则计算各个权重的贡献值，从而获得由输入激活值到输出激活值的映射，这一映射由模式集合 $\mathcal{P}$ 构成。通过权重训练，网络最终的输出激活值应当等于或趋近于理想输出，而实际输出与这一理想输出的差，如式 (3-19) 所示，可以建模为系统的误差或代价函数，也可视作权重的适应性指标[106]：

$$\mathrm{err} = \frac{1}{2} \sum_{p \in \mathcal{P}} \sum_{k=1}^{m} \left(t_k^p - y_k^p\right)^2 \tag{3-19}$$

其中，$\boldsymbol{t}^p = (t_1^p, t_2^p, \cdots, t_m^p)^{\mathrm{T}}$ 为目标激活值或理想激活值，$\boldsymbol{y}^p = (y_1^p, y_2^p, \cdots, y_m^p)^{\mathrm{T}}$ 表示 BP 神经网络的输出。BP 神经网络的训练目标就是得到全局最小的 err 值，因此，BP 算法可以分解为如下两个阶段：

（1）前向反馈阶段：通过权重、激活函数及上一层激活值计算各层的激活值。

（2）后向传播阶段：反向传播算法检验输出值与理想值的误差 err 是否小于给定阈值。当 err 大于给定阈值时，所有权重使用式 (3-20a) 和式 (3-20b) 进行调整，然后重复前向反馈阶段的操作；当 err 小于给定阈值，或者已经达到限制的最大迭代次数时，训练停止，得到的当前权重则用于生成学习到的预测模型。

$$\Delta\omega_{kj} = -\alpha \sum_{p \in \mathcal{P}} \left(y_k^p - t_k^p\right) y_k^p \left(1 - y_k^p\right) z_j^p \tag{3-20a}$$

$$\Delta v_{ji} = -\alpha \sum_{p \in \mathcal{P}} \sum_{k=1}^{m} \delta_k^p \omega_{kj} z_j^p \left(1 - z_j^p\right) x_i^p \tag{3-20b}$$

其中，α 为学习速率，式 (3-20b) 中的 δ_k^p 通过如下计算得到：

$$\delta_k^p = \sum_{p \in \mathcal{P}} \left(y_k^p - t_k^p\right) y_k^p \left(1 - y_k^p\right) \tag{3-21}$$

3.3.3　DWT-BP 流量预测系统设计

通过 DWT 分解，视频流量可以被分解为比原始流量具有更少频率分量和更加平稳的不同成分，与非平稳的突发流量相比，对这些不同分辨率的分量进行预测能够得到更高的预测准确度。因此，本节设计了基于 DWT 的 BP 神经网络（DWT-BP）流量预测系统，如图 3.4 所示，其中，通过多分辨率 DWT 得到的流量的近似分量和细节分量作为 BP 神经网络的输入，输出为未来流量相应分量的预测结果。算法 3 总结了本节所设计的 DWT-BP 流量预测过程。

通过算法 3，可以得到未来流量到达 $A_i(t+1), A_i(t+2), \cdots, A_i(t+D_i-1)$ 构成前向窗口。此外，算法 3 得到的 DWT-BP 神经网络流量预测系统在每个时隙加入实际到达的新的流量作为训练数据对系统进行更新。

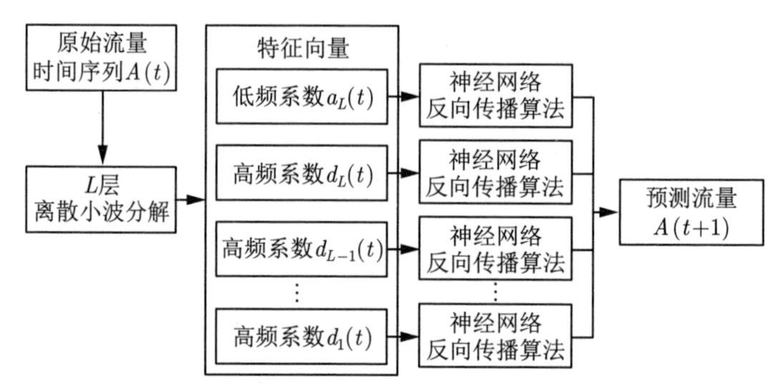

图 3.4 基于多层小波分解的 BP 神经网络流量预测系统

算法 3 DWT-BP 流量预测

初始化:

视频流量时间序列：$\{A_i(0), A_i(1), \cdots, A_i(t)\}$，$\forall\ i = 1, 2, \cdots, N$；

预测窗口长度：D_i，$\forall\ i = 1, 2, \cdots, N$。

1: **for** 所有卫星队列 $i = 1, 2, \cdots, N$ **do**

2: 对原始流量序列 $\{A_i(0), A_i(1), \cdots, A_i(t)\}$ 进行 L-层离散小波分解，得到第 L 层近似系数 $a_L(t)$ 和所有 L 层细节系数 $d(t) = \{d_1(t), d_2(t), \cdots, d_L(t)\}$；

3: 对所有近似系数和细节系数 $a_L(t)$ 和 $d(t)$ 分别建立 $L+1$ 个 BP 神经网络，预测所有系数在下一时隙 $t+1$ 的值。以 $a_L(t)$ 为例，BP 神经网络的训练输入矩阵为

$$\boldsymbol{I}_{\text{Tr}} = \begin{bmatrix} a_L(0) & a_L(1) & \cdots & a_L(\tau_0 - 1) \\ a_L(1) & a_L(2) & \cdots & a_L(\tau_0) \\ \vdots & \vdots & \ddots & \vdots \\ a_L(t - \tau_0) & a_L(t - \tau_0 + 1) & \cdots & a_L(t - 1) \end{bmatrix} \tag{3-22}$$

其中，τ_0 为每个训练输入向量的长度，每个行向量作为一个 BP 神经网络的输入，相应的输出为构成 BP 神经网络的训练输出向量：

$$\boldsymbol{O}_{\text{Tr}} = [a_L(\tau_0), a_L(\tau_0 + 1), \cdots, a_L(t)]^{\text{T}} \tag{3-23}$$

通过误差的反向传播，得到对近似系数 $a_L(t)$ 的 BP 神经网络预测系统；

4: 将向量 $[a_L(t - \tau_0 + 1), a_L(t - \tau_0 + 2), \cdots, a_L(t)]^{\text{T}}$ 设置为第 3 步得到的预测系统的输入，则输出即为预测下一时隙 $t+1$ 的近似系数 $a_L(t+1)$；

5:　使用预测得到的 $a_L(t+1)$ 与 $a_L(t-\tau_0+2)$、$a_L(t-\tau_0+3)\ \cdots\ a_L(t)$ 预测 $a_L(t+2)$。重复该过程得到 t 之后所有 D_i-1 个时隙的近似系数。类似地，得到所有细节系数在未来 D_i-1 个时隙的预测；

6:　对预测得到的 $a_L(\tau)$ 和 $d(\tau)$（$\tau=0,1,\cdots,D_i-1$）使用离散小波逆变换，重构预测流量 $A_i(t+1)$ 到 $A_i(t+D_i-1)$。

7: **end for**

输出:

预测流量 $A_i(t+1)$ 到 $A_i(t+D_i-1)$，$\forall i=1,2,\cdots,N$。

3.4　基于预测背压的服务资源分配

针对基于云处理的空间信息网络中接入信源卫星，3.3 节介绍了通过 DWT-BP 预测系统，可以在当前 t 时隙预测卫星从时隙 $t+1$ 到 $t+D_i-1$ 的流量到达。接下来，基于 DWT-BP 预测系统得到的流量预测信息，本节将设计资源分配策略对地面云服务器的功率及相应的服务率进行分配，将接收自不同信源卫星的数据传输至相应的数据用户或部门。在本节中，背压原理（backpressure）[107-108] 将引入到基于预测流量信息的资源分配策略中，从而降低系统的队列等待延迟。

3.4.1　队列动态演化分析

首先介绍预测队列的概念。本章前面已经提到，在当前时隙，云服务器可以对未来到达的数据流量进行预测并预先分配传输服务资源。令 $\mu_i^{(\tau)}(t)$（$\tau=0,1,\cdots,D_i-1$）表示未来流量到达 $A_i(t+\tau)$ 预先分配的服务率，用 $Q_i^{(\tau)}(t)$（$\tau=0,1,\cdots,D_i-1$）表示当前时刻来自信源卫星 i 的数据队列在未来时隙 $t+\tau$ 的剩余数据包数量。可以看到，$Q_i^{(\tau)}(t)$ 记录了剩余到达数据包数量随时间的变化，但并不表示实际的数据包到达量。令 $Q_i^{(-1)}(t)$ 表示在时隙 t 已经到达队列 i 的数据包数量，这个变量与式 (3-8) 中的 $Q_i(t)$ 相同。与 $Q_i^{(0)}(t)$，$Q_i^{(1)}(t)$，$\cdots$，$Q_i^{(D_i-1)}(t)$ 不同，$Q_i^{(-1)}(t)$ 记录了 $\left\{Q_i^{(\tau)}(t)\right\}_{\tau=-1}^{D_i-1}$ 中唯一的真实积压的数据包数量。因此，当 $Q_i^{(-1)}(t)$ 稳定时，系统是稳定的。与 3.2.3 节假设相同，当前到达的数据包仅能在之后的时隙对其进行传输服务。因此，队列 i 中数据包数量（队列长度）的动态演化过程可分为如下三种情况进行建模：

（1）$\tau = D_i - 1$:

$$Q_i^{(\tau)}(t+1) = A_i(t+D_i) \tag{3-24}$$

（2）$0 \leqslant \tau \leqslant D_i - 2$:

$$Q_i^{(\tau)}(t+1) = \max\left\{Q_i^{(\tau+1)}(t) - \mu_i^{(\tau+1)}(t), 0\right\} \tag{3-25}$$

（3）$\tau = -1$:

$$\begin{aligned} Q_i^{(\tau)}(t+1) = &\max\left\{Q_i^{(\tau)}(t) - \mu_i^{(\tau)}(t), 0\right\} + \\ &\max\left\{Q_i^{(0)}(t) - \mu_i^{(0)}(t), 0\right\} \end{aligned} \tag{3-26}$$

其中，$Q_i^{(-1)}(0) = 0$。

式 (3-24)~ 式 (3-26) 所示队列长度动态演化过程如图 3.5 所示。因此，对于系统中每颗卫星，可以得到在预测窗口中每个时隙剩余的数据包数量，该剩余量可以作为队列“积压”用于云服务器传输服务资源的分配。

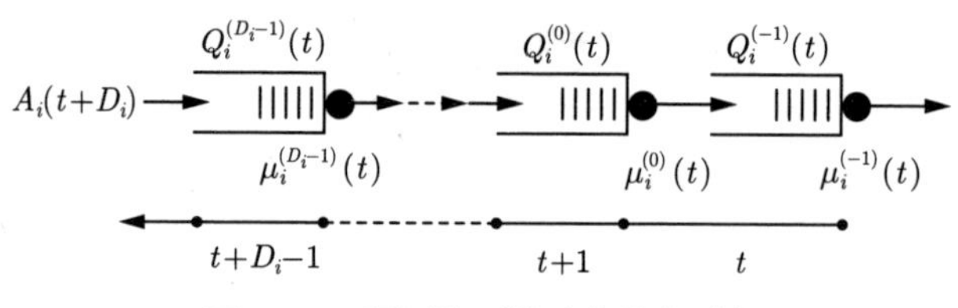

图 3.5 预测队列的动态演化过程

3.4.2 基于预测的排队系统队列分析

背压原理最早提出用于网络控制管理，如路由、资源配置，以实现网络队列中排队等待数据包从一个时隙到下一时隙的积压量最小化，并使用李雅普诺夫漂移理论（Lyapunov drift）对其稳定性进行分析[107-110]。背压原理中的算法核心思想是模拟水流在管道网络中依据水压梯度进行传播流动的过程，即水流趋向于向水压差最大的管道分支流动，而此时水流在网络中的传播扩散速度最大。然而，对于本章所讨论场景，未来预测窗口内流量的到达信息是可以获知的，这种时间上的相关性会导致李雅普诺夫理论难以应用于系统稳定性的分析。文献 [35] 提出了一种基于

“等价队列”的分析方法，将基于充分有效预测机制进行多队列服务率分配的排队系统与不采取预测优化的排队系统队列实现等价分析。首先，针对基于云处理的空间信息网络多接入排队系统，引入该充分有效预测分配（fully efficient predictive scheduling）机制，以及该机制下预测与非预测排队系统的等价分析，见定义 3.2。

定义 3.2 (充分有效预测分配)　对排队系统中的所有队列 i，当如下条件满足时，则认为预测分配机制是充分有效的：

（1）$\sum\limits_{\tau} \mu_i^{(\tau)}(t) = \mu_i(t)$；

（2）$\mu_i^{(\tau)}(t) > Q_i^{(\tau)}(t)$, $\mu_i^{(\tau')}(t) \geqslant Q_i^{(\tau')}(t)$, $\forall -1 \leqslant \tau \leqslant D_i - 1$, $\tau' \neq \tau$。

定义 3.2 表述了在采取充分有效预测分配机制的排队系统中，所有服务机会和服务资源达到充分利用。此外，在系统中其他队列没有完成服务时，该系统中的任意队列不会被分配额外的服务资源。

定理 3.1　在单队列排队系统中，如果

（1）$\tilde{Q}_i(0) = \sum\limits_{t=0}^{D_i-1} A_i(t)$，其中，$\tilde{Q}_i(t)$ 表示队列 i 的长度，

（2）排队系统中的数据到达满足 $\tilde{A}_i(t) = A_i(t + D_i)$，

（3）排队系统服务率满足 $\tilde{\mu}_i(t) = \sum\limits_{\tau=-1}^{D_i-1} \mu_i^{(\tau)}(t)$，

则队列长度动态演化过程为

$$\tilde{Q}_i(t+1) = \max\left\{\tilde{Q}_i(t) - \tilde{\mu}_i(t), 0\right\} + \tilde{A}_i(t) \tag{3-27}$$

因此，对于基于充分有效预测分配机制的排队系统，当 $Q_i^{(-1)}(0) = 0$，则有

$$\sum_{\tau=-1}^{D_i-1} Q_i^{(\tau)}(t) = \tilde{Q}_i(t), \quad \forall i,\ t \tag{3-28}$$

通过定理 3.1 中的队列等价分析，基于预测及预服务排队系统队列分析的复杂度可以简化为对无预测系统进行分析。根据定理 3.1，无预测排队系统的队列等待延迟特性可等价为在预测窗口长度为 D_i 个时隙的充分有效预测排队系统中，延迟减小 D_i 个时隙。

3.4.3 基于背压原理的服务资源分配策略

基于本节分析的队列动态性和背压原理，接下来针对基于云处理的空间信息网络，讨论设计基于预测背压（PBP）的云处理器传输服务资源分配策略。在该策略中，引入网络中各卫星数据到达和即将到达的队列长度进行策略优化。如式 (3-12) 所示，优化分配策略的目标之一为最小化平均服务代价。同时，最小化整个多队列系统中的传输数据积压，可从服务效率方面进一步优化分配策略。通过这一优化目标，分配策略可以为系统中存在较大数据积压或依据流量预测信息即将承受较大数据积压的队列分配更高的传输功率和服务速率，从而实现网络中传输数据的队列等待时间最小化，优化网络传输处理延迟。

根据上述代价最小化和数据积压最小化两个优化目标，将资源分配策略的优化目标建模如式 (3-29a) 所示，其中控制参数 $V \geqslant 1$ 定义为系统对传输代价和延迟的折中。具体来说，增加 V 的取值，则系统更倾向于优化功率消耗。综上，算法 4 给出了基于预测背压（PBP）的资源优化分配策略。

算法 4 基于 PBP 的云服务器传输服务资源优化分配策略

初始化：

预测窗口长度：D_i，$\forall\, i = 1, 2, \cdots, N$。

1: **for** 所有卫星数据队列 $i = 1, 2, \cdots, N$ **do**

2: **for** 所有时隙 t **do**

3: 计算 $\sum\limits_{\tau=-1}^{D_i-1} Q_i^{(\tau)}(t)$；

4: 观测当前链路状态向量 $\boldsymbol{S}(t)$

5: 求解如下优化问题，得到云服务器的优化功率分配向量 $\boldsymbol{P}(t)$：

$$\min \ V f_{\mathrm{c}}(\boldsymbol{S}(t), \boldsymbol{P}(t)) - \sum_{i=1}^{N} \sum_{\tau=-1}^{D_i-1} Q_i^{(\tau)}(t)\, \mu_i(\boldsymbol{S}(t), \boldsymbol{P}(t)), \tag{3-29a}$$

$$\text{s.t.} \ \ \boldsymbol{P}(t) \in \mathcal{P}^{(\boldsymbol{S}(t))}, \tag{3-29b}$$

其中，$\mathcal{P}^{(\boldsymbol{S}(t))}$ 为所有可行功率分配向量的集合；

6: 基于排队系统中任意按序服务原则，根据式 (3-6)，并使用充分有效预测分配机制，为所有预测队列 $Q_i^{(\tau)}(t)$（$\tau = -1, 0, \cdots, D_i - 1$）分配服务率 $\mu_i^{(\tau)}(t)$；

7: 根据式 (3-24)～ 式 (3-26) 更新所有队列长度。

8: **end for**
9: **end for**
输出:
功率分配 $\boldsymbol{P}(t)$，$\forall t$;
服务率分配 $\mu_i^{(\tau)}(t)$，$\forall i=1,2,\cdots,N$，$\forall t$。

算法 4 步骤 6 中提到的排队系统按序服务原则是指如何从 $\{Q_i^{(\tau)}(t)\}_{\tau=-1}^{D_i-1}$ 中选择数据包进行服务，典型的按序服务原则包括先进先出服务原则（first input first output，FIFO）以及后进先出服务原则（last input first output，LIFO）。

3.5 仿真分析

仿真部分将对本章设计的基于 DWT-BP 神经网络视频流量预测系统以及基于 PBP 的云服务器传输服务资源分配策略性能进行验证。假设系统中存在 $N=15$ 颗接入信源卫星，部署的轨道半径随机分布于 42 145 km 到 42 182 km 之间，对于每颗接入卫星，其链路状态 $S_i(t)\in\boldsymbol{S}(t)$ 依据式 (3-3) 分别以概率 $1-f_i$ 和 f_i 取值于 $\{1,2\}$。对信源卫星 i 的数据队列分配的功率为 $P_i(t)\in\mathcal{P}^{(S_i)}\triangleq\{0,5,10\}$。假设在任意时隙内，允许超过一颗信源卫星的数据包被分配的功率不为零，服务率由式 (3-6) 得到，并依据式 (3-13) 将总功率损耗作为云服务器的传输服务代价。其他参数设置见表 3.1。为简化分析，不失一般性，选择以卫星 $i=1$ 和卫星 $i=11$ 的数据队列为例，对所设计的预测系统和资源分配策略性能进行仿真验证。

表 3.1　仿真参数

参数	参数值	描述
γ	2.8	星地链路路径衰落指数
N_0	10^{-10} W	星地链路高斯噪声平均功率
K_2	6.99 dB	星地链路 LOS 信号与散射信号的功率比
Ω	$1+K$	星地链路信号总功率与散射信号的功率比
β	5 dB	接收信噪比阈值

3.5.1 流量模型设置

不同卫星的视频流量到达为 $A_i(t)$（$i = 1, 2, \cdots, 15$），且与其他业务流量特性不同，长时相关特性是视频流量的显著特性之一。因此，本章的数值仿真实验使用适当的随机时间序列模型来生成具有自相关特性的流量序列。目前，主要有以下几种典型的随机模型可以产生长时相关特性的序列：自相似增量过程模型（increment processes of self-similar models），分形高斯噪声（fractal Gaussian noise，FGN）模型，以及分形自回归聚合滑动（fractional autoregressive integrated moving average，FARIMA）模型。FARIMA 模型广泛用于突发流量与长时相关流量的建模[111-113]。因此在仿真部分，本项研究使用 FARIMA 生成所需视频流量序列。

FARIMA 过程是在标准 ARIMA (p, d, q) 模型的基础上，允许差分度 d 取非整数值得到的。具体来说，将 FARIMA (p, d, q)（p, $q \in \mathbb{N}^+$，$d \in \mathbb{R}$）过程定义为随机过程 $X = \{X_i \,|i = 0, 1, \cdots\}$：

$$\Phi\left(z^{-1}\right)\nabla^d X_i = \Theta\left(z^{-1}\right) n_i \tag{3-30}$$

其中，$\Phi(z^{-1})$ 和 $\Theta(z^{-1})$ 为反向平移操作 $z^{-1}\{X_i\} = X_{i-1}$ 中 p 阶自回归多项式（autoregressive，AR）和 q 阶移动平均多项式（moving average，MA）；差分操作用 $\nabla = 1 - z^{-1}$ 表示，∇^d 表示 d 分形差分处理，可以定义为常用的二项式展开；n_i 表示均值、方差有限的 i.i.d. 非高斯噪声[111]。FARIMA (p, d, q) 模型的一个重要特征是，当 $0 < d < 0.5$ 时，随机序列 $X = \{X_i \,|i = 0, 1, \cdots\}$ 具有长时相关特性。

在本项研究的仿真部分，令 $d = 0.1$，生成 15 个长度为 1000 的随机序列，用以表示 15 颗卫星在 1000 个时隙内到达的视频数据包数量，即视频流量。图 3.6 显示了第 1 颗卫星和第 11 颗卫星的流量以及流量的自相关特性，其中，相关函数呈现出所生成的流量序列具有突发性和长时相关特性。

3.5.2 DWT-BP 流量预测系统准确性

如图 3.6 所示，生成的视频流量具有突发性，并具有丰富的频率分量。本节使用多分辨率 DWT，将流量分解为 7 层近似（低频）分量和细节（高频）分量。以卫星 1 为例，其第 7 层低频分量 A_7 以及其第 7、5、1 层高频分量 D_7、D_5、D_1 如图 3.7 所示。图 3.7 显示了通过多层分解，各层分量包含的频率成分得到降低，有助于预测准确度的提高。

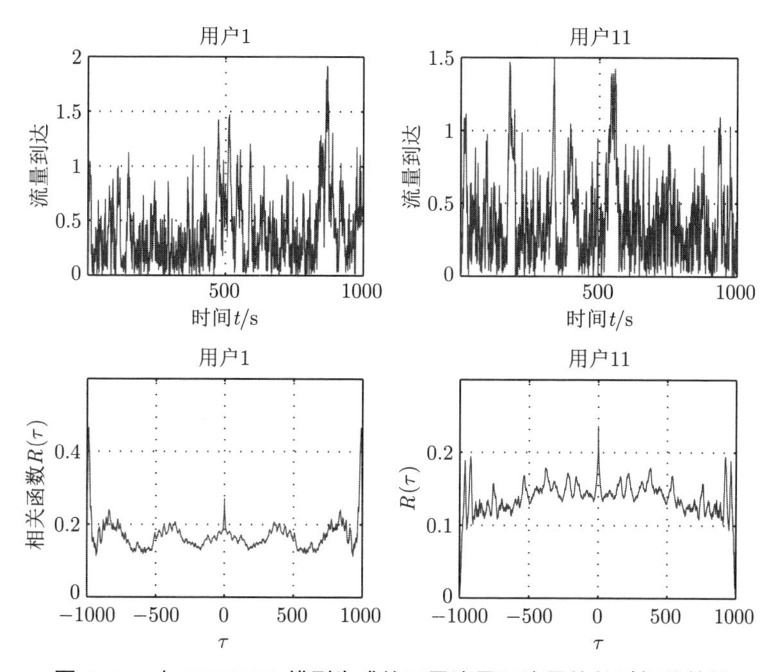

图 3.6　由 FARIM 模型生成的卫星流量及流量的长时相关特性

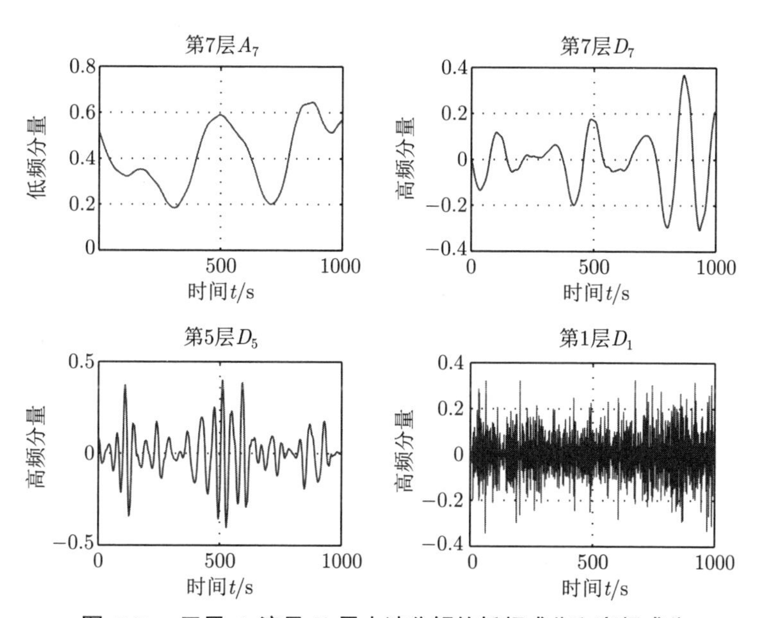

图 3.7　卫星 1 流量 7 层小波分解的低频成分和高频成分

为建立 DWT-BP 神经网络流量预测系统，仿真使用相同参数设置的 FARIMA 模型生成长度为 2000 的流量序列作为流量训练样本，将生成的训练流量使用 7 层 DWT 进行分解，并使用算法 4 建立了 DWT-BP 神经网络流量预测系统。针对近似分量和细节分量，式 (3-22) 中的训练输入长度 τ_0 分别设置为 $\tau_0 = 5$ 和 $\tau_0 = 50$。err 设置为 10^{-4}，最大迭代次数设置为 1000。通过训练，得到 8 个 DWT-BP 神经网络预测系统，用于对近似分量和细节分量进行预测。使用前 τ_0 个近似分量和细节分量作为相应的预测系统输入，输出得到原始流量的预测。以卫星 1 和卫星 11 为样本卫星，各层预测准确度见表 3.2。两颗样本卫星的实际流量与通过 DWT-BP 神经网络预测得到的流量对比如图 3.8 所示。表 3.2 和图 3.8 所示仿真结果显示，3.3 节设计的 DWT-BP 神经网络流量预测系统能够实现对突发性长时相关视频流量的准确预测。

表 3.2 BP 神经网络预测系统对 7 层 DWT 得到各层分量的预测误差

	A_7	D_7	D_6	D_5
卫星 1	2.970×10^{-4}	3.755×10^{-5}	8.341×10^{-5}	7.220×10^{-5}
卫星 11	8.560×10^{-4}	7.322×10^{-5}	4.620×10^{-5}	4.235×10^{-5}
	D_4	D_3	D_2	D_1
卫星 1	4.710×10^{-5}	8.739×10^{-5}	5.491×10^{-5}	8.423×10^{-5}
卫星 11	4.732×10^{-5}	8.252×10^{-5}	9.240×10^{-5}	9.223×10^{-5}

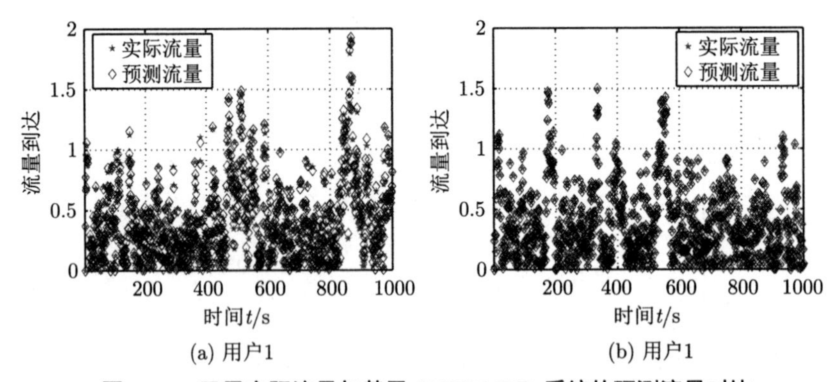

图 3.8 卫星实际流量与基于 DWT-BP 系统的预测流量对比

3.5.3 基于 PBP 的服务资源分配性能

针对建立的基于云处理的空间信息网络多接入卫星排队系统，本节仿真实验验证基于 PBP 的传输服务资源分配策略性能。用于本节仿真的视频流量由 3.5.1 节引入的 FARIMA 模型得到，并使用 3.5.2 节建立的 DWT-BP 预测系统提供流量预测信息。通过应用基于 PBP 的传输服务资源分配策略，实现了对功率、服务率的分配，并与实际流量以及无预测的资源分配机制对比，对功率损耗、队列长度、系统队列等待延迟等方面的性能进行了比较。在本节实验中，采用 LIFO 按序服务原则对队列中的数据进行服务。

首先讨论云服务器功率损耗随控制参数 V 以及预测窗口长度 D_i（$i=1,2,\cdots,15$）的变化规律。令 $V\in\{1,5,10,25,50,100,150\}$，$D_1=D_2=\cdots=D_{15}\in\{5,\ 20\}$。在不同 V 与 D_i 设定下，使用实际流量与预测流量，云服务器的平均功率损耗如图 3.9 所示，图中，“准确预测”是指使用实际流量提供未来 D_i 个时隙的流量预测信息，并用于基于 PBP 的资源分配策略。图 3.9 所示仿真结果显示，功率损耗随 V 值增大而降低，这一变化趋势体现了控制参数 V 在系统优化过程中对云服务器服务代价与系统延迟之间的折中处理和调节作用。

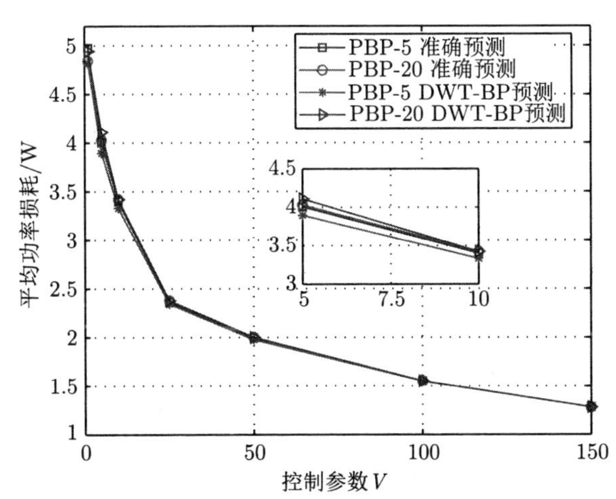

图 3.9 平均功率损耗随控制参数 V 及预测窗口长度 D_i 的变化（见文前彩图）

图 3.10 显示了两颗测试样本卫星的到达数据包的平均队列长度随控制参数 V 以及预测窗口长度 D_i（$i=1,2,\cdots,15$）的变化。在图 3.10 中，

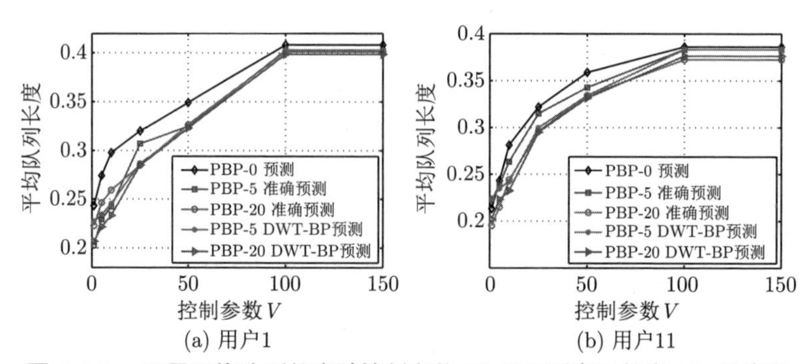

图 3.10 卫星平均队列长度随控制参数 V 及预测窗口长度 D_i 的变化（见文前彩图）

“0 预测”是指在实施服务资源分配时，不使用任何未来流量到达的预测信息，仅根据当前时刻的流量到达，对来自于各卫星的数据包分配功率和服务率。仿真结果显示，系统中平均队列长度随 V 值增大而增大，随 D_i 长度的增大而减小，这是由于随着 V 增大，云服务器在资源分配优化中更倾向于实现其功率损耗最小化的优化目标，进而服务率降低，排队延迟提高。然而，受限于系统所能提供的总功率和总服务率，当 V 持续增大时，系统的平均队列长度趋于固定。另一方面，较大的 D_i 长度更有助于利用预测信息，为可能造成积压的队列分配更多的服务资源，从而降低系统服务延迟，特别是与无预测机制的资源分配策略相比，系统性能得到优化。因此，这一仿真结果也验证了本章所设计的基于预测信息的资源分配策略对系统性能的改进。然而，随着 D_i 持续增大，较长的预测窗口长度对系统存储资源和处理代价提出了更高的要求，因此，D_i 也体现了系统服务性能和服务代价之间的折中控制。

最后，对系统中各卫星数据到达队列的延迟特性进行讨论。仿真测试了两颗样本卫星到达数据包排队等待时间的分布情况。令控制参数 $V = 50$，预测窗口长度 $D_1 = D_2 = \cdots = D_{15} = 20$。仿真结果如图 3.11 所示。结果显示，通过基于 PBP 的传输服务资源分配策略，来自卫星 1 和卫星 11 的数据队列中分别有 72.36 % 和 72.07 % 的数据包等待时间为 0，即通过预服务机制实现了无等待时间的服务；当不使用预测信息，仅通过当前流量到达信息进行资源分配时，两个队列中分别有 62.99 % 和 60.30 % 的数据包服务等待时间为 0。这一结果验证了本章设计的基于预测信息的传输服务资源分配策略可以有效降低空间信息网络排队系统的延迟。

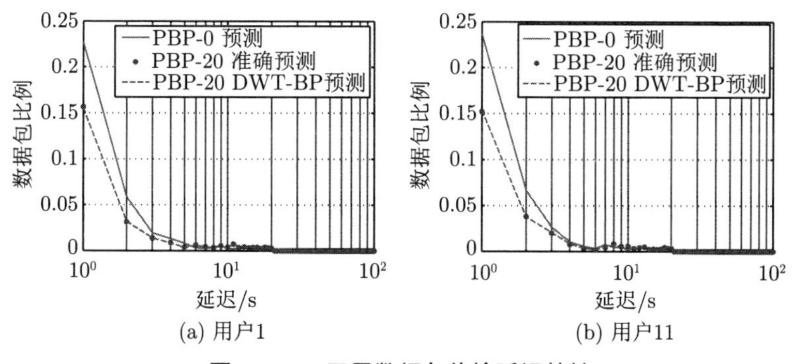

图 3.11　卫星数据包传输延迟特性

3.6　小　结

目前，地面站通常面临接收多颗卫星数据的任务，通过基于时间窗口、业务优先级、业务量等约束的任务调度和规划，能够有效接收来自不同卫星的数据。然而，随着空间信息网络规模的不断扩大，面临业务更加广泛，这对地面传输服务资源的多星接入数据接收的协调能力以及与业务特性需求的适应能力提出了更高要求。为解决地面站多卫星数据高效接收的问题，本章从不同卫星业务数据的特征出发，提出了基于多源业务特性预测的地面服务资源分配机制，能够高效利用地面站有限的传输服务资源，实现面向多业务卫星数据的高时效性接收。

首先，针对空间信息网络面临的突发性多媒体业务传输需求，本章构建了基于地面云处理的多接入卫星排队系统，通过云服务器的中心式高效资源管理和传输处理，实现多颗接入卫星的数据向不同地面数据用户或部门的高时效转发和服务资源的高效利用。为提高系统服务的时效性，本章引入基于预测信息的预服务机制：基于预测的流量信息预先对这些队列分配功率资源和服务速率，完成预服务。为实现这一预服务机制，本章面向空间信息网络视频数业务，使用流量预测信息，建立了服务代价与系统流量积压最小化的优化问题，提出了基于预测背压（PBP）的传输服务资源分配策略。该策略通过为可能造成流量积压的队列预先分配更多的传输功率和服务速率，降低这些队列可能的延迟，实现资源的更高效利用，优化网络性能。本章仿真验证了将传输业务的预测信息引入到资源分配策略中，能够有效提高网络系统的性能；并验证了设计的资源分配策略中不同参数对系统功率损耗及等待延迟等性能的影响，可为地面站接收中代价与延迟优化控制参数、预测窗口长度、预测精度等设置提供依据，实现系统性能控制优化。

同时，本章设计构建了基于 DWT-BP 神经网络的视频流量预测系统，为基于 PBP 的资源分配策略提供准确的流量预测信息，提高资源分配策略的有效性。该预测系统通过多层 DWT 处理，可以将频率分量丰幅、具有突发性和长时相关的视频流量分解为近似分量和多层细节分量，从而有助于提高预测的准确度。在预测阶段，本章引入 BP 神经网络，通过对训练数据集的学习，实现对未来预测窗口长度的视频流量准确预测。仿真结果显示，本章设计的 DWT-BP 流量预测系统能够准确预测突发性、长时相关视频流量，将预测信息用于 PBP 资源分配策略中，能够得到与使用真实流量作为预测信息一致的分配决策和系统性能。

综上所述，本章从挖掘空间信息网络中的业务特性出发，将学习到的不同业务特性及预测信息应用到网络资源的优化配置中，实现了网络性能优化。通过对空间信息网络多源业务特性自适应的资源分配问题研究，挖掘了异质异构网络资源与业务特性的动态协调机理，验证了将业务特性反映到资源随需优化配置中，使网络的资源管理与业务特性相互协调，可以有效提高空间信息网络多业务数据协同传输的服务质量。基于这项研究成果，可以进一步对不同卫星数据的时空关联特性进行挖掘，面向不同数据应用，揭示出能够实现最优数据融合效果的数据时空关联结构，即满足不同业务需求的数据时空协调界。以这种能够从需求出发揭示业务特性的数据结构作为依据和目标，对地面站接收不同卫星数据的传输服务资源进行优化配置，能够有助于实现后端数据处理性能的提高。

第 4 章　基于协作波束成形的星地混合网络安全传输

4.1　引　　言

空间信息网络通过网络化传输，能够极大程度提高传统过顶传输中存在的问题，实现空间信息的高时效性和全天时全天候的传输覆盖，特别是使用数据中继卫星进行数据存储和转发，能够通过与地面站建立稳定连续的星地传输链路，实现大容量的空间信息数据回传。目前，Ka 频段主要用于星地传输中的卫星固定业务（FSS）、卫星广播业务（BSS）、无线电定位及移动服务等 [41-44]。根据国际电信联盟（ITU）的划分标准，Ka 频段的频谱划分为四个阶段，用于不同业务中卫星与地面站之间的上行与下行通信，详见表 4.1 [114-117]。

表 4.1　Ka 频段频谱使用

频段	ITU-R 1 区	ITU-R 2 区	ITU-R 2 区
17.3~17.7 GHz	FSS（卫星 – 地面站） BSS（地面站 – 卫星） 无线电定位	FSS（卫星 – 地面站） BSS（地面站 – 卫星） 无线电定位	FSS（卫星 – 地面站） BSS（地面站 – 卫星） 无线电定位
17.7~17.9 GHz	FSS（卫星 – 地面站）	FSS（卫星 – 地面站）	FSS（卫星 – 地面站）
17.7~18.1 GHz	BSS（地面站 – 卫星）	—	BSS（地面站 – 卫星）
27.5~29.5 GHz	FSS（地面站 – 卫星） 移动服务	FSS（地面站 – 卫星） 移动服务	FSS（地面站 – 卫星） 移动服务

近年来，为了满足急剧增长的移动数据需求，第五代移动通信技术（5G）因其极高速率、极大容量、极低延迟以及低功耗、高可靠等优势得到了快速发展。为满足 5G 网络的现实需求，毫米波（mmWave）成为推

动 5G 网络发展、实现 5G 网络高性能传输的关键技术 [118]。mmWave 波长极短且带宽极大，因此具有波束窄、方向性好以及天线增益高等优点。由于这些物理特性，mmWave 能够有效解决高速无线传输所带来的如高频传输损耗等问题，同时能够极大程度减小天线尺寸，使未来移动终端搭载大规模天线阵列并支持定向波束成为可能 [119]。2017 年 7 月，美国联邦通讯委员会（FCC）率先批准开放了 24 GHz 以上频率用于移动宽带网络通信，首次允许将这一频段应用于下一代无线移动服务 [45]。随着不断发展的 5G 网络越来越多地使用 24 GHz 以上频段，必然导致星地通信与地面移动网络的通信频率重合，从而加剧网络的干扰。根据欧洲邮电管理委员会（CEPT）在 ECC/DEC/(00)07 决议中的规定，Ka 频段被优先分配给地面固定服务业务（FS）[46]。因此，针对 Ka 共享频段，有必要研究共信道干扰（co-channel interference）、协作波束成形（cooperative beamforming）机制等问题，从而实现星地 – 地面通信网络融合的干扰控制、可靠传输以及高效频谱使用等。

另一方面，不断发展的 5G 通信也为空间信息网络与地面通信网络的无缝集成提供了可能，通过空间信息网络提高地面网络通信的全域覆盖能力和高速传输能力，实现天地一体化网络构建 [120]。然而，由于空间信息网络处于更加广泛和开放的环境中，面向 FSS 的星地通信必然面临更严峻的安全挑战，特别是对于军用卫星数据的传输通信及应用。如何优化控制地面 FSS 终端与地面网络之间的干扰，同时保证星地 – 地面混合通信网络（satellite-terrestrial hybrid network）的通信质量及传输安全，对于实现安全高效的天地一体化网络具有重要作用。因此，本章将研究星地 – 地面混合通信网络在 Ka 共享频段的安全高效通信问题。针对系统中传输功率约束及传输质量要求，本章提出了基于地面网络基站（base station，BS）协作的波束成形机制，从而实现被监听 FSS 终端可达安全速率的最大化。

本章的研究内容和贡献主要为以下三点：

（1）针对星地 – 地面通信网络融合场景下的安全传输问题，考虑系统中卫星及地面 BS 均搭载多天线，FSS 终端及地面移动终端搭载单天线，建立基于 mmWave 的信道干扰模型、窃听信道模型以及安全传输模型。

（2）针对被窃听 FSS 终端的安全传输问题，设计了基于地面通信网络基站协作波束成形的干扰控制和安全传输机制，通过 BS 的协作波束成形以及卫星人工噪声（AN）信号，增强对窃听节点（eavesdropper）的共信道干扰，并降低对所有 FSS 终端接收的干扰，在保证地面通信网络传输质量的条件下，提高星地通信的安全性和质量。仿真结果显示，与非协作机制相比，基于 BS 协作的波束成形机制能够有效提高被窃听 FSS 终端的安全传输速率。

（3）针对波束成形的非凸优化问题，提出基于路径追踪凸二次近似的协作粒子群算法对优化问题求解的效率进行改进，并证明了该算法的有效性及计算复杂度。仿真结果显示，提出的优化算法能够有效提高最优点的收敛速度；

本章内容安排如下。4.2 节建立了星地 – 地面混合通信网络安全传输模型。4.3 节提出了基于协作的安全传输波束成形机制，并建立了安全速率的优化问题。4.4 节设计了基于路径追踪二次规划的协作粒子群优化算法，改进非凸优化问题的求解速度。4.5 节通过仿真实验验证了本章提出的协作波束成形机制的有效性。4.6 节为本章总结。

4.2　系 统 模 型

图 4.1 所示星地 – 地面混合通信网络使用 mmWave 频段进行通信。该系统中，一颗卫星与其覆盖范围内的 N 个地面 FSS 终端进行通信，其中，卫星搭载多天线阵列，天线数为 $N_s > N$，FSS 搭载单天线。在该 mmWave 波段干扰场景中，分布有 M 个搭载多天线的地面 BS 以及其覆盖范围内的移动用户，其中，BS 搭载天线数为 $N_p \geqslant M$，用户终端设备搭载单天线。系统中存在一个单天线窃听节点位于卫星的通信覆盖范围内，可以窃听传输至其中一个 FSS 终端的数据 [121-122]。在上述场景中，从卫星和地面 BS，向各自的目的节点，即 FSS 终端、监听节点以及移动用户的通信链路可以建模为多入单出（multiple-input-single-out，MISO）信道模型。此外，假设系统是时隙划分且准静态的，即系统状态随时隙变化，但在单一时隙内，系统状态保持不变。

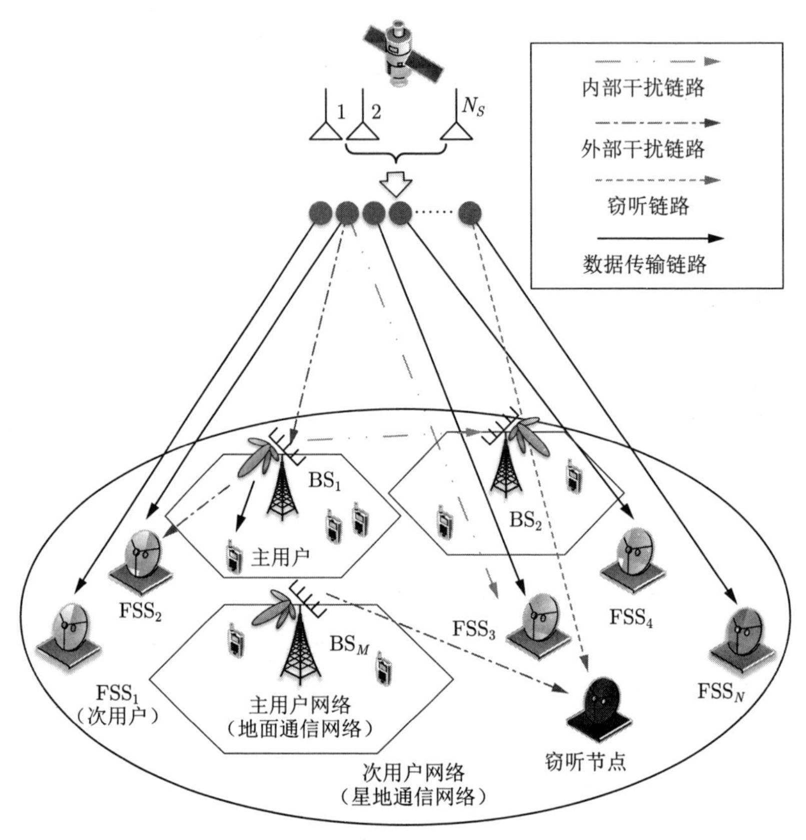

图 4.1 星地 – 地面混合通信网络干扰与窃听系统模型(见文前彩图)

系统中卫星与 FSS 终端以及地面 BS 与移动用户的下行链路均使用 Ka 波段进行传输。根据 ECC/DEC/(00)07 决议的规定，地面 BS 链路为 17.7 ~ 19.7 GHz 频段授权链路 [46]，这意味着在这一频段共享中，地面 BS 与用户之间的通信质量具有更高的优先级，卫星在与 FSS 终端传输时需要控制其对地面网络通信的共信道干扰 [116]。因此，在本章研究中，定义地面 BS 与用户之间的通信构成主用户网络，移动用户为主用户，卫星与 FSS 终端之间的通信为次用户网络。

4.2.1 信道模型

目前，在卫星通信网络与地面网络传输信道建模方面已有大量研究 [123-125]，本节引入 mmWave 通信信道建模 [126]，考虑卫星与 FSS 终端之间信道建模如下，用 $\boldsymbol{h}_n \in \mathbb{C}^{N_s \times 1}$ 表示卫星与 FSS_n（$n \in \mathcal{N} \triangleq \{1, 2, \cdots, N\}$）之间的信道向量：

$$\boldsymbol{h}_n = \sqrt{\frac{N_s}{L}} \sum_{l=1}^{L} \delta_{n,l} \boldsymbol{\alpha}(\theta_{n,l}), \quad \forall n \in \mathcal{N} \tag{4-1}$$

其中，L 表示视距路径和路径散射数，考虑星地通信中视距（LOS）信号能量远强于其他散射路径信号，因此，L 取值较小；$\delta_{n,l}$ 和 $\theta_{n,l}$ 分别表示第 l 条路径的复增益和归一化方向，$\delta_{n,l}^2 \sim \mathcal{CN}(0, \sigma_0^2)$ 表示均值为零、方差 $\sigma_0^2 = 1$（莱斯因子）的 i.i.d.（独立同分布）复高斯分布，$\theta_{n,l} \sim U[-1, 1]$ 为 i.i.d. 均匀分布。此外，当使用均匀线性阵列（uniform linear array，ULA）时，归一化向量 $\boldsymbol{\alpha}(\theta)$ 为

$$\boldsymbol{\alpha}(\theta) = \frac{1}{\sqrt{N_s}} \left[1, \mathrm{e}^{-j\frac{2\pi}{\lambda} d \sin(\varphi)}, \cdots, \mathrm{e}^{-j\frac{2\pi}{\lambda}(N_s - 1) d \sin(\varphi)}\right]^{\mathrm{T}} \tag{4-2}$$

这里，归一化方向 θ_n 对应于物理离开方位角（azimuth angle of departure，AoD）$\varphi \in [-\pi/2, \pi/2]$：$\theta = (2d/\lambda) \sin \varphi$，其中，$d$ 表示天线间隔，即相邻天线之间的距离，λ 为载波波长。在该项研究中，考虑到归一化 AoD 为实际 AoD 的正弦函数，因此取 $d/\lambda = 0.5$。

对于地面通信网络，使用 L_m 条路径的信道模型对地面 BS 与其用户之间传输信道以及 BS 与 FSS 终端之间的干扰信道进行建模 [117, 119]。在该研究中，假设每个 BS 有一个关联用户，则 BS_m 与其用户之间的信道向量 $\boldsymbol{g}_m \in \mathbb{C}^{N_p \times 1}$（$m \in \mathcal{M} \triangleq \{1, 2, \cdots, M\}$）为

$$\boldsymbol{g}_m = \sqrt{\frac{N_p}{L_m}} \sum_{l=1}^{L_m} \delta_{m,l} \boldsymbol{\alpha}(\theta_{m,l}), \quad \forall m \in \mathcal{M} \tag{4-3}$$

其中，$\delta_{m,l} \sim \mathcal{CN}(0, 1)$ 和 $\theta_{m,l} \sim U[-1, 1]$ 分别表示信道向量 $\boldsymbol{g}_m$ 中 L_m 第 l 跳路径的路径增益和 AOD。类似于式 (4-2)，

$$\boldsymbol{\alpha}(\theta_{m,l}) = \frac{1}{\sqrt{N_p}} \left[1, \mathrm{e}^{-j\frac{2\pi}{\lambda} d \sin(\varphi_{m,l})}, \cdots, \mathrm{e}^{-j\frac{2\pi}{\lambda}(N_p - 1) d \sin(\varphi_{m,l})}\right]^{\mathrm{T}} \tag{4-4}$$

其中，归一化方向 $\theta_{m,l}$ 对应于 AoD $\varphi \in [-\pi/2, \pi/2]$：$\theta = (2d/\lambda) \sin \varphi$。

4.2.2 接收信号模型

用 s_n 表示第 n 个 FSS 终端（FSS_n）发送的数据符，s_{ms} 表示第 m 个 BS（BS_m）向其用户 PU_m 发送的数据符。假设对数据符号的幅值作归一化处理，即 $\mathbb{E}\left\{|s_n|^2\right\}=\mathbb{E}\left\{|s_{ms}|^2\right\}=1$，$\forall n\in\mathcal{N}$，$m\in\mathcal{M}$。将卫星和 BS_m 发送的信号分别通过波束成形向量 $\boldsymbol{w}_n\in\mathbb{C}^{N_s\times 1}$（$\forall n$）和 $\boldsymbol{u}_m\in\mathbb{C}^{N_p\times 1}$（$\forall m$）映射到各自搭载的多天线阵列。在卫星信号中加入人工噪声（AN）信号 $\boldsymbol{v}\in\mathbb{C}^{N_s\times 1}$，对窃听节点接收进行干扰 [127-128]。在这项研究中，考虑干扰信号 $\boldsymbol{v}$ 以及波束成形向量 $\boldsymbol{w}_n$ 均受控于星地通信系统，也就是说，卫星波束成形向量和 AN 信号对所有 FSS 终端均是可知的。则 AN 信号 $\boldsymbol{v}$ 仅会对窃听节点产生干扰，而不会降低系统中 FSS 终端合法的通信质量。因此，在本项研究中，考虑 $\boldsymbol{v}$ 对合法 FSS 终端的信号接收具有极弱的干扰作用。不失一般性，假设 $\|\boldsymbol{w}_n\|_2=P_n$，$\|\boldsymbol{u}_m\|_2=P_{ms}$，$\forall n,\ m$，且 $\|\boldsymbol{v}\|_2=P_v$。卫星总传输功率为 P_s。假设所有 BS 具有相同的总传输功率 P_p。因此，$\sum\limits_{n=1}^{N}\|\boldsymbol{w}_n\|_2+\|\boldsymbol{v}\|_2\leqslant P_s$，$\|\boldsymbol{u}_m\|_2\leqslant P_p$，$\forall m$。

通过波束成形，卫星发送信号为

$$\boldsymbol{x}=\sum_{n=1}^{N}\boldsymbol{w}_n s_n+\boldsymbol{v} \tag{4-5}$$

且对于每个 FSS_n 终端，卫星对其发送的信号为

$$\boldsymbol{x}_n=\boldsymbol{w}_n s_n+\boldsymbol{v},\quad \forall n\in\mathcal{N} \tag{4-6}$$

则 FSS_n 终端的接收信号可表示为

$$\begin{aligned} y_n = & \boldsymbol{h}_n^{\mathrm{H}}\boldsymbol{w}_n s_n+\rho_{\mathrm{int}}\sum_{i=1,i\neq n}^{N}\boldsymbol{h}_n^{\mathrm{H}}\boldsymbol{w}_i s_i+\rho_{\mathrm{int}}\boldsymbol{h}_n^{\mathrm{H}}\boldsymbol{v}+ \\ & \rho_{\mathrm{ext}}\sum_{m=1}^{M}\boldsymbol{f}_{m,n}^{\mathrm{H}}\boldsymbol{u}_m s_{ms}+n_n,\quad \forall n\in\mathcal{N} \end{aligned} \tag{4-7}$$

其中，$\boldsymbol{f}_{m,n}\in\mathbb{C}^{N_p\times 1}$ 表示 BS_m 与 FSS_n 之间的信道向量，$0\leqslant\rho_{\mathrm{int}}<\rho_{\mathrm{ext}}\leqslant 1$ 表示系统内部和外部信号干扰因子。由于波束成形向量及 AN 信号对所有 FSS 终端均是可知的，因此，ρ_{int} 具有非常小的取值。此外，

$n_n \sim \mathcal{CN}(0,\sigma_s^2)$ 表示 i.i.d. 噪声，服从零均值复圆周高斯分布（complex circular Gaussian distribution），方差为 σ_s^2。

用户 PU_m 的接收信号为

$$\begin{aligned} y_{ms} =& \boldsymbol{g}_m^{\mathrm{H}}\boldsymbol{u}_m s_{ms} + \rho_{\mathrm{ext}}\sum_{n=1}^{N}\boldsymbol{f}_m^{\mathrm{H}}\boldsymbol{w}_n s_n + \rho_{\mathrm{ext}}\boldsymbol{f}_m^{\mathrm{H}}\boldsymbol{v} + \\ & \rho_{\mathrm{int}}\sum_{j=1,j\neq m}^{M}\boldsymbol{g}_{j,m}^{\mathrm{H}}\boldsymbol{u}_j s_{js} + n_{ms}, \quad \forall m \in \mathcal{M} \end{aligned} \tag{4-8}$$

其中，$\boldsymbol{f}_m \in \mathbb{C}^{N_s\times 1}$ 表示卫星与 PU_m 之间的信道向量，$\boldsymbol{g}_{j,m} \in \mathbb{C}^{N_p\times 1}$ 为 BS_j（$j \in \mathcal{M}\backslash m$）与 PU_m 之间的信道向量，$n_{ms} \sim \mathcal{CN}\left(0,\sigma_p^2\right)$ 为 i.i.d. 零均值复圆周高斯噪声，均值为 σ_p^2。

不失一般性，假设被窃听 FSS 终端为 FSS_N [121]。因此，窃听节点的接收信号为

$$\begin{aligned} y_e =& \boldsymbol{h}_e^{\mathrm{H}}\boldsymbol{w}_N s_N + \rho_e\sum_{i=1}^{N-1}\boldsymbol{h}_e^{\mathrm{H}}\boldsymbol{w}_i s_i + \rho_e\boldsymbol{h}_e^{\mathrm{H}}\boldsymbol{v} + \\ & \rho_e\sum_{m=1}^{M}\boldsymbol{g}_{m,e}^{\mathrm{H}}\boldsymbol{u}_m s_{ms} + n_e \end{aligned} \tag{4-9}$$

其中，$\boldsymbol{h}_e \in \mathbb{C}^{N_s\times 1}$ 和 $\boldsymbol{g}_{m,e} \in \mathbb{C}^{N_p\times 1}$ 分别表示卫星、BS_m 与窃听节点之间的信道向量，$0 \leqslant \rho_e \leqslant 1$ 表示干扰系数，$n_e \sim \mathcal{CN}(0,\sigma_e^2)$ 表示窃听节点接收的 i.i.d. 噪声。对比式 (4-7) 和式 (4-9) 可以发现，被窃听 FSS_N 与窃听节点的接收信号具有相似的表达，然而，对于窃听节点，AN 信号、$\boldsymbol{v}$ 和 $\boldsymbol{w}_n$（$n=1,2,\cdots,N-1$）均是不可预知的。因此，这些信号成分将对窃听节点产生更严重的干扰。

4.2.3　信号与干扰加噪声比

由式 (4-7)、式 (4-8) 以及式 (4-9) 得到每个 FSS 终端、BS 用户以及窃听节点的信号与干扰加噪声比（SINR）分别为

$$\varGamma_n = \frac{\boldsymbol{w}_n^{\mathrm{H}}\boldsymbol{R}_n\boldsymbol{w}_n}{\rho_{\mathrm{int}}I_{\mathrm{int},n} + \rho_{\mathrm{ext}}I_{\mathrm{ext},n} + \rho_{\mathrm{int}}I_{\mathrm{AN},n} + \sigma_s^2}, \quad \forall n \tag{4-10a}$$

$$\varGamma_{ms} = \frac{\boldsymbol{u}_m^{\mathrm{H}}\boldsymbol{G}_m\boldsymbol{u}_m}{\rho_{\mathrm{ext}}I_{\mathrm{ext},ms} + \rho_{\mathrm{int}}I_{\mathrm{int},ms} + \rho_{\mathrm{ext}}I_{\mathrm{AN},ms} + \sigma_p^2}, \quad \forall m \tag{4-10b}$$

$$\Gamma_{eN}=\frac{\boldsymbol{w}_N^{\mathrm{H}}\boldsymbol{R}_e\boldsymbol{w}_N}{\rho_e I_{s,e}+\rho_e I_{p,e}+\rho_e I_{\mathrm{AN},e}+\sigma_e^2} \tag{4-10c}$$

其中，$(\cdot)^{\mathrm{H}}$ 表示共轭转置。式 (4-10a) 中，$I_{\mathrm{int},n}=\sum\limits_{i=1,i\neq n}^{N}\boldsymbol{w}_i^{\mathrm{H}}\boldsymbol{R}_n\boldsymbol{w}_i$，$I_{\mathrm{ext},n}=\sum\limits_{m=1}^{M}\boldsymbol{u}_m^{\mathrm{H}}\boldsymbol{F}_{m,n}\boldsymbol{u}_m$，$I_{\mathrm{AN},n}=\boldsymbol{v}^{\mathrm{H}}\boldsymbol{R}_n\boldsymbol{v}$，其中，$\boldsymbol{R}_n\triangleq\boldsymbol{h}_n\boldsymbol{h}_n^{\mathrm{H}}$，$\boldsymbol{F}_{m,n}\triangleq\boldsymbol{f}_{m,n}\boldsymbol{f}_{m,n}^{\mathrm{H}}$。式 (4-10b) 中，$I_{\mathrm{ext},ms}=\sum\limits_{n=1}^{N}\boldsymbol{w}_n^{\mathrm{H}}\boldsymbol{F}_m\boldsymbol{w}_n$，$I_{\mathrm{int},ms}=\sum\limits_{j=1,j\neq m}^{M}\boldsymbol{u}_j^{\mathrm{H}}\boldsymbol{G}_{j,m}\boldsymbol{u}_j$，$I_{\mathrm{AN},ms}=\boldsymbol{v}^{\mathrm{H}}\boldsymbol{F}_m\boldsymbol{v}$，其中，$\boldsymbol{G}_m\triangleq\boldsymbol{g}_m\boldsymbol{g}_m^{\mathrm{H}}$，$\boldsymbol{G}_{j,m}\triangleq\boldsymbol{g}_{j,m}\boldsymbol{g}_{j,m}^{\mathrm{H}}$，$\boldsymbol{F}_m\triangleq\boldsymbol{f}_m\boldsymbol{f}_m^{\mathrm{H}}$。式 (4-10c) 中，$I_{s,e}=\sum\limits_{n=1}^{N-1}\boldsymbol{w}_n^{\mathrm{H}}\boldsymbol{R}_e\boldsymbol{w}_n$，$I_{p,e}=\sum\limits_{m=1}^{M}\boldsymbol{u}_m^{\mathrm{H}}\boldsymbol{G}_{m,e}\boldsymbol{u}_m$，$I_{\mathrm{AN},e}=\boldsymbol{v}^{\mathrm{H}}\boldsymbol{R}_e\boldsymbol{v}$，其中，$\boldsymbol{R}_e\triangleq\boldsymbol{h}_e\boldsymbol{h}_e^{\mathrm{H}}$，$\boldsymbol{G}_{m,e}\triangleq\boldsymbol{g}_{m,e}\boldsymbol{g}_{m,e}^{\mathrm{H}}$。

4.2.4 安全传输速率

本节讨论被窃听 FSS_N 终端的可达安全传输速率。本项研究讨论的安全传输速率基于物理层安全理论。定义 4.1 总结了文献 [57] 和文献 [129] 中对加密容量的论述。

定义 4.1 (加密容量，secrecy capacity) 在基于窃听信道的传输系统中，当合法接收者的信道质量优于窃听者的信道质量时，则必然存在一种信道编码，在合法用户正确解调的情况下，窃听者无法从接收信号中获得任何传输信息，从而实现安全传输。该编码所能实现的可达安全传输速率即为加密容量。在加性高斯噪声信道中，加密容量即为合法信道的信道容量与窃听信道的信道容量之差：

$$C_s=\max\{C-C_e,0\} \tag{4-11}$$

其中，C 为合法信道的信道容量，C_e 为窃听信道的信道容量。

根据定义 4.1，星地通信系统中被窃听 FSS_N 终端的可达安全速率为

$$C_{sN}=\max\{C_N-C_{eN},0\} \tag{4-12}$$

其中，

$$C_N=\log(1+\Gamma_N),\quad C_{eN}=\log(1+\Gamma_{eN}) \tag{4-13}$$

分别为卫星与被窃听 FSS_N 终端以及窃听节点之间传输链路的信道容量。

4.3 基于星地安全传输的波束成形

本节将引入 AN 信号，设计安全传输的波束成形机制，并实现对卫星功率的优化分配。此外，本项研究将分布于卫星覆盖范围的 BS 传输信号作为协作干扰（friendly jamming），设计基于 BS 协作波束成形机制，进一步提高被窃听 FSS 终端的安全传输速率。

4.3.1 非协作安全传输波束成形

首先讨论当 BS 不提供协作干扰时的卫星波束成形和 AN 信号优化机制。该机制的优化目标是通过优化卫星的波束成形向量 $\boldsymbol{w}$ 及 AN 信号 $\boldsymbol{v}$，实现被窃听 FSS_N 终端可达安全传输速率的最大化。同时，需要保证系统中 BS 用户及 FSS 终端接收信号的 SINR 要求，并满足卫星传输功率约束。综上，针对非协作安全传输波束成形（non-cooperative secure transmission beamforming，NCoSTB）机制，安全传输速率优化问题建模为

$$\max_{\boldsymbol{w}_n,\forall n,\boldsymbol{v}} \quad C_{sN}(\boldsymbol{w},\boldsymbol{v}) = C_N(\boldsymbol{w},\boldsymbol{v}) - C_{eN}(\boldsymbol{w},\boldsymbol{v}) \tag{4-14a}$$

$$\text{s.}t. \quad \sum_{n=1}^{N} \|\boldsymbol{w}_n\|^2 + \|\boldsymbol{v}\|^2 \leqslant P_s \tag{4-14b}$$

$$\varGamma_n(\boldsymbol{w},\boldsymbol{v}) \geqslant \gamma_n, \quad \forall n \in \mathcal{N} \tag{4-14c}$$

$$\varGamma_{ms}(\boldsymbol{w},\boldsymbol{v}) \geqslant \gamma_{ms}, \quad \forall m \in \mathcal{M} \tag{4-14d}$$

其中，$\boldsymbol{w} = \{\boldsymbol{w}_n\}_{n\in\mathcal{N}}$ 和 $\boldsymbol{v}$ 为优化变量，γ_n 和 γ_{ms} 分别为 FSS_n 和 PU_m 的 SINR 要求。最大比传输（MRT）以其低复杂度和高效性作为经典的波束成形机制 [60, 130-132]，在非协作安全传输场景中，考虑 BS 使用基于 MRT 的波束成形机制，即对所有 BS，其波束成形向量为

$$\tilde{\boldsymbol{u}}_m = \sqrt{P_p}\frac{\boldsymbol{g}_m}{\|\boldsymbol{g}_m\|_2}, \quad \forall m \in \mathcal{M} \tag{4-15}$$

4.3.2 协作安全传输波束成形

在 NCoSTB 机制中，所有 BS 根据信道状态使用固定波束成形机制。在星地 – 地面混合通信网络中，根据式 (4-9)，BS 经过波束成形后的发送信号同时能够对窃听节点造成干扰，从而降低窃听节点的接收信道容量。另一方面，这些来自于地面网络的信号也会对 FSS 终端的接收速率造成影响。因此，如何最小化 BS 发送信号对 FSS 终端的干扰，同时提高对窃听节点的干扰，对提高星地通信的安全性和传输容量具有重要作用。

物理层安全研究证明，协作干扰可以有效降低窃听节点解码窃听数据的能力 [133-134]。假设信道状态信息在共存系统中是可以实现共享的。当 BS 向其用户传输时，可以基于地面通信网络和星地通信的信道状态实施波束成形。具体来说，BS 可以为卫星与 FSS 终端之间的通信提供协作干扰，从而最小化 BS 对 FSS 终端的干扰作用，实现被窃听 FSS 终端可达安全传输速率的提高。接下来对这种基于 BS 协作的安全传输波束成形（cooperative secure transmission beamforming，CoSTB）机制建立优化问题。

CoSTB 机制优化问题是通过联合配置卫星与 BS 的波束成形，在满足卫星与 BS 功率约束和 FSS 终端与 BS 用户的 SINR 要求的条件下，最大化被窃听 FSS 终端的可达安全传输速率。令 $\boldsymbol{u}=\{\boldsymbol{u}_m\}_{m\in\mathcal{M}}$。因此，基于 CoSTB 机制的安全传输速率优化问题建模为

$$\max_{\substack{\boldsymbol{w}_n,\forall n,\boldsymbol{v}\\ \boldsymbol{u}_m,\forall m}} \quad C_{sN}(\boldsymbol{w},\boldsymbol{v},\boldsymbol{u})=C_N(\boldsymbol{w},\boldsymbol{v},\boldsymbol{u})-C_{eN}(\boldsymbol{w},\boldsymbol{v},\boldsymbol{u}) \tag{4-16a}$$

$$\text{s.t.} \quad \sum_{n=1}^{N}\|\boldsymbol{w}_n\|^2+\|\boldsymbol{v}\|^2\leqslant P_s \tag{4-16b}$$

$$\|\boldsymbol{u}_m\|^2\leqslant P_p,\quad \forall m\in\mathcal{M} \tag{4-16c}$$

$$\Gamma_n(\boldsymbol{w},\boldsymbol{v},\boldsymbol{u})\geqslant\gamma_n,\quad \forall n\in\mathcal{N} \tag{4-16d}$$

$$\Gamma_{ms}(\boldsymbol{w},\boldsymbol{v},\boldsymbol{u})\geqslant\gamma_{ms},\quad \forall m\in\mathcal{M} \tag{4-16e}$$

在建立的基于 NCoSTB 机制和 CoSTB 机制的优化问题 (4-14) 和 (4-16) 中，目标函数 (4-14a) 和 (4-16a) 均为非凸函数，约束条件中，约

束 (4-14b)、约束 (4-16b) 以及约束 (4-16c) 为凸，但约束 (4-14c)、约束 (4-14d)、约束 (4-16d) 以及约束 (4-16e) 的当前形式为非凸。接下来，4.4 节将研究针对建立的非凸优化问题的高效求解方法。

4.4 波束成形优化问题求解

目前，已有大量研究针对波束成形非凸优化问题探索快速有效的求解算法 [135]，如使用半正定技术将非凸优化问题转化为易处理的半正定规划问题（semi-definite programming，SDP）[136-137]。然而，mmWave 通信面临大规模天线阵列的波束成形优化，优化变量的维度将随天线规模增大，从而导致 SDP 优化求解算法极大的计算复杂度。为降低优化求解算法的复杂度，提高系统波束成形效能，本节将提出一种基于路径追踪的二次近似迭代算法，对 4.3 节建立的波束成形优化问题 (4-14) 和 (4-16) 进行高效求解。通过本节提出的算法，非凸问题 (4-14) 和 (4-16) 被转化为一系列迭代近似优化问题，通过分别建立 $(\boldsymbol{w}, \boldsymbol{v})$ 和 $(\boldsymbol{w}, \boldsymbol{v}, \boldsymbol{u})$ 的凸二次规划（convex quadratic programming）问题，提高最优解搜索的收敛速度。

4.4.1 优化问题可行解法

首先引入一种经典优化算法对优化问题 (4-14) 和 (4-16) 进行求解。针对本章建立的非凸优化问题，协作粒子群优化算法（CPSO）能够提供有效的近似最优解快速搜索 [138]。CPSO 算法是基于传统粒子群优化算法（particle swarm optimization，PSO）的改进 [138]。PSO 中存在一个具有多个“粒子”的群，每个粒子从随机解出发，粒子群在每次迭代中搜索到当前最优解，并追随当前最优解通过迭代寻找全局最优解。PSO 算法具有收敛快、精度高等优点，然而，随着优化变量的维度提高，PSO 算法性能急剧降低。CPSO 算法将 PSO 算法中搜索 S 维优化变量的单个粒子群扩展成为 S 个相互协作的粒子群，从而实现更快的算法收敛速度，特别是在非凸、非光滑、非线性的高维优化问题求解中，CPSO 算法能够快速有效收敛到全局最优解 [139-141]。以最大化 C_{sN} 为优化目标，算法 5 表述了 CPSO 算法对优化问题 (4-14) 的求解过程。

算法 5 CPSO 算法 [138]

初始化:

初始化 S 个一维 PSO：P_j，$j=1,2,\cdots,S$；

$g(j,z)\equiv(P_1\cdot\hat{\boldsymbol{w}},P_2\cdot\hat{\boldsymbol{w}},\cdots,P_{j-1}\cdot\hat{\boldsymbol{w}},z,P_{j+1}\cdot\hat{\boldsymbol{w}},\cdots,P_S\cdot\hat{\boldsymbol{w}})$；

最大迭代次数：T。

1: **for** $t\leqslant T$ **do**
2:   **for** 所有粒子群 $j=1,2,\cdots,S$ **do**
3:     **for** 所有粒子 $i=1,2,\cdots,I$ **do**
4:       **if** $C_{sN}(g(j,P_j\cdot\boldsymbol{x}_i))<C_{sN}(g(j,P_j\cdot\boldsymbol{w}_i))$ **then**
5:         $P_j\cdot\boldsymbol{w}_i=P_j\cdot\boldsymbol{x}_i$；
6:       **end if**
7:       **if** $C_{sN}(g(j,P_j\cdot\boldsymbol{w}_i))<C_{sN}(g(j,P_j\cdot\hat{\boldsymbol{w}}))$ **then**
8:         $P_j\cdot\hat{\boldsymbol{w}}=P_j\cdot\boldsymbol{w}_i$；
9:       **end if**
10:     **end for**
11:     PSO 根据如下方式更新 P_j：

$$u_{ij}(t+1)=wu_{ij}(t)+c_1\zeta_{1i}(t)(w_{ij}(t)-x_{ij}(t))+c_2\zeta_{2i}(t)(\hat{w}_j(t)-x_{ij}(t)), \tag{4-17a}$$

$$\boldsymbol{x}_i(t+1)=\boldsymbol{x}_i(t)+\boldsymbol{u}_i(t+1), \tag{4-17b}$$

12:     其中，$j=1,2,\cdots,S$，S：粒子群数量；
13:     $i=1,2,\cdots,I$，I：每个粒子群中的粒子数量；
14:     $\boldsymbol{x}_i=[x_{i1}\ x_{i2}\cdots x_{iS}]$：搜索空间的当前解；
15:     $\boldsymbol{u}_i=[u_{i1}\ u_{i2}\ \cdots\ u_{iS}]$：当前速率；
16:     $\boldsymbol{w}_i=[w_{i1}\ w_{i2}\ \cdots\ w_{iS}]$：局部最优解；
17:     c_1, c_2：加速系数；
18:     ζ_1，$\zeta_{2i}\sim U(0,1)$：随机序列。
19:   **end for**
20: **end for**

4.4.2 基于路径追踪的二次规划算法

CPSO 算法存在的一个问题是：当初始值选择不当时，可能导致算法收敛到局部最优点。特别是当优化问题的目标函数和约束非凸时，这种遗传算法的收敛速度会降低，并收敛到局部最优解。针对这一问题，本节将设计一种基于迭代追踪的 CPSO 算法——ICPSO（iterative CPSO），用以提高算法的收敛性能。

4.4.2.1　优化问题近似

本节将优化问题 (4-14) 和 (4-16) 转化为一系列迭代过程。在每次迭代中，将原优化问题近似为 $(\boldsymbol{w},\boldsymbol{v})$ 和 $(\boldsymbol{w},\boldsymbol{v},\boldsymbol{u})$ 的凸二次规划问题，从而提高算法收敛速度。每次迭代得到的最优解作为下次迭代的初始值，通过近似和路径追踪迭代过程，逐步搜索到最优解。

在上述过程中，近似与凸变换方法是实现算法可行性和有效性的关键。优化问题 (4-14) 和 (4-16) 中，目标函数 (4-14a) 和 (4-16a) 为非凸函数，但函数中的两个部分 C_N 和 C_{eN} 可以通过 Taylar 展开的方式转变为凸函数或凹函数。Taylar 展开可以将任意可微分的非线性函数用无限项的多项式进行表示，各项的系数由原函数相应阶微分确定，当函数为凸（凹）函数时，二阶导数为正（负），由此，函数在给定点的下界（上界）可以由函数的一阶导数及约束条件求得。

根据上述分析，接下来建立优化问题 (4-14) 和 (4-16) 在每次迭代过程中的近似优化问题。用 $C_{sN}^{(t)}(\boldsymbol{w},\boldsymbol{v})$ 和 $C_{sN}^{(t)}(\boldsymbol{w},\boldsymbol{v},\boldsymbol{u})$ 分别表示 NCoSTB 和 CoSTB 问题在第 t 次迭代的近似优化问题的目标函数：

$$C_{sN}^{(t)}(\boldsymbol{w},\boldsymbol{v})=C_{N}^{(t)}(\boldsymbol{w},\boldsymbol{v})-C_{eN}^{(t)}(\boldsymbol{w},\boldsymbol{v}) \tag{4-18a}$$

$$C_{sN}^{(t)}(\boldsymbol{w},\boldsymbol{v},\boldsymbol{u})=C_{N}^{(t)}(\boldsymbol{w},\boldsymbol{v},\boldsymbol{u})-C_{eN}^{(t)}(\boldsymbol{w},\boldsymbol{v},\boldsymbol{u}) \tag{4-18b}$$

其中，$C_{N}^{(t)}(\boldsymbol{w},\boldsymbol{v})$ 和 $C_{N}^{(t)}(\boldsymbol{w},\boldsymbol{v},\boldsymbol{u})$ 表示在第 t 次迭代中 C_N 的下界，由定理 4.1 给出；$C_{eN}^{(t)}(\boldsymbol{w},\boldsymbol{v})$ 和 $C_{eN}^{(t)}(\boldsymbol{w},\boldsymbol{v},\boldsymbol{u})$ 表示在第 t 次迭代中 C_{eN} 的上界，由定理 4.2 给出。

定理 4.1　令 $\left(\boldsymbol{w}^{(t)},\boldsymbol{v}^{(t)}\right)$ 和 $\left(\boldsymbol{w}^{(t)},\boldsymbol{v}^{(t)},\boldsymbol{u}^{(t)}\right)$ 分别表示优化问题 (4-14) 和 (4-16) 的可行解，令

$$\psi_N(\boldsymbol{w},\boldsymbol{v})=\rho_{\text{int}}\sum_{i=1}^{N-1}\boldsymbol{w}_i^{\mathrm{H}}\boldsymbol{R}_N\boldsymbol{w}_i+\rho_{\text{int}}\boldsymbol{v}^{\mathrm{H}}\boldsymbol{R}_N\boldsymbol{v}+\rho_{\text{ext}}\sum_{m=1}^{M}\tilde{\boldsymbol{u}}_m^{\mathrm{H}}\boldsymbol{F}_{m,N}\tilde{\boldsymbol{u}}_m+\sigma_s^2 \tag{4-19a}$$

$$\psi_N(\boldsymbol{w},\boldsymbol{v},\boldsymbol{u})=\rho_{\text{int}}\sum_{i=1}^{N-1}\boldsymbol{w}_i^{\mathrm{H}}\boldsymbol{R}_N\boldsymbol{w}_i+\rho_{\text{int}}\boldsymbol{v}^{\mathrm{H}}\boldsymbol{R}_N\boldsymbol{v}+\rho_{\text{ext}}\sum_{m=1}^{M}\boldsymbol{u}_m^{\mathrm{H}}\boldsymbol{F}_{m,N}\boldsymbol{u}_m+\sigma_s^2 \tag{4-19b}$$

其中，式 (4-19a) 中 $\tilde{\boldsymbol{u}}_m$ 由式 (4-15) 所述 MRT 策略得到。针对 NCoSTB 机制，近似下界 $C_N(\boldsymbol{w},\boldsymbol{v})$ 通过如下 Taylar 展开得到：

$$\begin{aligned}&C_N(\boldsymbol{w},\boldsymbol{v})\geqslant C_N^{(t)}(\boldsymbol{w},\boldsymbol{v})\\&\triangleq C_N\left(\boldsymbol{w}^{(t)},\boldsymbol{v}^{(t)}\right)+\frac{2}{\ln 2}\frac{\Re\left\{\left(\boldsymbol{w}_N^{(t)}\right)^{\mathrm{H}}\boldsymbol{R}_N\boldsymbol{w}_N\right\}}{\psi_N\left(\boldsymbol{w}^{(t)},\boldsymbol{v}^{(t)}\right)}-\\&\frac{1}{\ln 2}\frac{\left(\boldsymbol{w}_N^{(t)}\right)^{\mathrm{H}}\boldsymbol{R}_N\boldsymbol{w}_N^{(t)}\left(\psi_N(\boldsymbol{w},\boldsymbol{v})+\boldsymbol{w}_N^{\mathrm{H}}\boldsymbol{R}_N\boldsymbol{w}_N\right)}{\psi_N\left(\boldsymbol{w}^{(t)},\boldsymbol{v}^{(t)}\right)\left[\psi_N\left(\boldsymbol{w}^{(t)},\boldsymbol{v}^{(t)}\right)+\left(\boldsymbol{w}_N^{(t)}\right)^{\mathrm{H}}\boldsymbol{R}_N\boldsymbol{w}_N^{(t)}\right]}-\\&\frac{1}{\ln 2}\frac{\left(\boldsymbol{w}_N^{(t)}\right)^{\mathrm{H}}\boldsymbol{R}_N\boldsymbol{w}_N^{(t)}}{\psi_N\left(\boldsymbol{w}^{(t)},\boldsymbol{v}^{(t)}\right)}\end{aligned} \tag{4-20}$$

类似地，针对 CoSTB 机制，近似下界 $C_N(\boldsymbol{w}_s,\boldsymbol{v},\boldsymbol{w}_p)$ 为

$$\begin{aligned}&C_N(\boldsymbol{w},\boldsymbol{v},\boldsymbol{u})\geqslant C_N^{(t)}(\boldsymbol{w},\boldsymbol{v},\boldsymbol{u})\\&\triangleq C_N\left(\boldsymbol{w}^{(t)},\boldsymbol{v}^{(t)},\boldsymbol{u}^{(t)}\right)+\frac{2}{\ln 2}\frac{\Re\left\{\left(\boldsymbol{w}_N^{(t)}\right)^{\mathrm{H}}\boldsymbol{R}_N\boldsymbol{w}_N\right\}}{\psi_N\left(\boldsymbol{w}^{(t)},\boldsymbol{v}^{(t)},\boldsymbol{u}^{(t)}\right)}-\\&\frac{1}{\ln 2}\frac{\left(\boldsymbol{w}_N^{(t)}\right)^{\mathrm{H}}\boldsymbol{R}_N\boldsymbol{w}_N^{(t)}\left(\psi_N(\boldsymbol{w},\boldsymbol{v},\boldsymbol{u})+\boldsymbol{w}_N^{\mathrm{H}}\boldsymbol{R}_N\boldsymbol{w}_N\right)}{\psi_N\left(\boldsymbol{w}^{(t)},\boldsymbol{v}^{(t)},\boldsymbol{u}^{(t)}\right)\left[\psi_N\left(\boldsymbol{w}^{(t)},\boldsymbol{v}^{(t)},\boldsymbol{u}^{(t)}\right)+\left(\boldsymbol{w}_N^{(t)}\right)^{\mathrm{H}}\boldsymbol{R}_N\boldsymbol{w}_N^{(t)}\right]}-\\&\frac{1}{\ln 2}\frac{\left(\boldsymbol{w}_N^{(t)}\right)^{\mathrm{H}}\boldsymbol{R}_N\boldsymbol{w}_N^{(t)}}{\psi_N\left(\boldsymbol{w}^{(t)},\boldsymbol{v}^{(t)},\boldsymbol{u}^{(t)}\right)}\end{aligned} \tag{4-21}$$

注：由式 (4-20) 和式 (4-21) 的表达可知，$C_N^{(t)}(\boldsymbol{w},\boldsymbol{v})$ 和 $C_N^{(t)}(\boldsymbol{w},\boldsymbol{v},\boldsymbol{u})$ 分别为 $(\boldsymbol{w},\boldsymbol{v})$ 和 $(\boldsymbol{w},\boldsymbol{v},\boldsymbol{u})$ 的凹函数。

证明 对于 NCoSTB 和 CoSTB 机制，下界 $C_N(\boldsymbol{w},\boldsymbol{v})$ 和 $C_N(\boldsymbol{w},\boldsymbol{v},\boldsymbol{u})$ 的分析及推导过程相似，不同的是，在非合作机制下，BS 采用基于 MRT 的

波束成形机制，即在 NCoSTB 机制中，$\boldsymbol{u}$ 作为常数处理。因此，下面以 CoSTB 机制为例，证明下界 $C_N(\boldsymbol{w},\boldsymbol{v},\boldsymbol{u})$。

根据式 (4-13) 定义，

$$\begin{aligned} C_N(\boldsymbol{w},\boldsymbol{v},\boldsymbol{u}) &= \log_2\left(1+\frac{\boldsymbol{w}_N^{\mathrm{H}}\boldsymbol{R}_N\boldsymbol{w}_N}{\psi_N(\boldsymbol{w},\boldsymbol{v},\boldsymbol{u})}\right) \\ &= -\log_2\left(1-\frac{\boldsymbol{w}_N^{\mathrm{H}}\boldsymbol{R}_N\boldsymbol{w}_N}{\psi_N(\boldsymbol{w},\boldsymbol{v},\boldsymbol{u})+\boldsymbol{w}_N^{\mathrm{H}}\boldsymbol{R}_N\boldsymbol{w}_N}\right) \\ &\triangleq -\log_2\left(1-\frac{g_1(\boldsymbol{w}_N)}{g_2(\boldsymbol{w},\boldsymbol{v},\boldsymbol{u})}\right) \end{aligned} \tag{4-22}$$

其中，

$$g_1(\boldsymbol{w}_N) = \boldsymbol{w}_N^{\mathrm{H}}\boldsymbol{R}_N\boldsymbol{w}_N \tag{4-23a}$$

$$g_2(\boldsymbol{w},\boldsymbol{v},\boldsymbol{u}) = \psi_N(\boldsymbol{w},\boldsymbol{v},\boldsymbol{u})+\boldsymbol{w}_N^{\mathrm{H}}\boldsymbol{R}_N\boldsymbol{w}_N > g_1(\boldsymbol{w}_N) \tag{4-23b}$$

由于 $f(x)=-\log_2(1-x)$ 为变量 x 在值域 $\{x\,|x<1\}$ 的凸函数及增函数，因此，当 (g_1,g_2) 满足 $\{(g_1,g_2)\,|0<g_1<g_2\}$（$g_1/g_2<1$）时，$f(g_1/g_2)=-\log_2(1-g_1/g_2)\triangleq C_N(g_1,g_2)$ 为凸函数，其中，$g_1=g_1(\boldsymbol{w}_N)$ 和 $g_2=g_2(\boldsymbol{w},\boldsymbol{v},\boldsymbol{u})$ 由式 (4-23) 定义。根据 Taylar 展开以及 $0<g_1<g_2$ 时 $C_N(g_1,g_2)$ 的凸函数特性，

$$\begin{aligned} C_N(g_1,g_2) \geqslant{}& C_N\left(g_1^{(t)},g_2^{(t)}\right)+ \\ & \left\langle \nabla C_N\left(g_1^{(t)},g_2^{(t)}\right),(g_1,g_2)-\left(g_1^{(t)},g_2^{(t)}\right)\right\rangle \end{aligned} \tag{4-24}$$

其中，$\langle\boldsymbol{x},\boldsymbol{y}\rangle\triangleq\boldsymbol{x}^{\mathrm{H}}\boldsymbol{y}$。

令 $\boldsymbol{x}^{(t)}=\left\{\boldsymbol{w}^{(t)},\boldsymbol{v}^{(t)},\boldsymbol{u}^{(t)}\right\}$，$\boldsymbol{x}=\{\boldsymbol{w},\boldsymbol{v},\boldsymbol{u}\}$，则式 (4-24) 中，

$$\begin{aligned} &\left\langle \nabla C_N\left(g_1^{(t)},g_2^{(t)}\right),(g_1,g_2)-\left(g_1^{(t)},g_2^{(t)}\right)\right\rangle \\ &= \frac{1}{\ln 2}\frac{g_2\left(\boldsymbol{x}^{(t)}\right)}{g_2\left(\boldsymbol{x}^{(t)}\right)-g_1\left(\boldsymbol{x}^{(t)}\right)}\left[\frac{2\Re\left\{\left(\boldsymbol{w}_N^{(t)}\right)^{\mathrm{H}}\boldsymbol{R}_N\left(\boldsymbol{w}_N-\boldsymbol{w}_N^{(t)}\right)\right\}}{g_2\left(\boldsymbol{x}^{(t)}\right)}\right]- \\ &\quad \frac{1}{\ln 2}\frac{g_2\left(\boldsymbol{x}^{(t)}\right)}{g_2\left(\boldsymbol{x}^{(t)}\right)-g_1\left(\boldsymbol{x}^{(t)}\right)}\left(\frac{g_1\left(\boldsymbol{x}^{(t)}\right)}{g_2^2\left(\boldsymbol{x}^{(t)}\right)}\right)\left[g_2\left(\boldsymbol{x}^{(t)}\right)-g_2(\boldsymbol{x})\right] \end{aligned}$$

$$
\begin{aligned}
&= \frac{2}{\ln 2}\frac{\Re\left\{\left(\boldsymbol{w}_N^{(t)}\right)^{\mathrm{H}}\boldsymbol{R}_N\left(\boldsymbol{w}_N-\boldsymbol{w}_N^{(t)}\right)\right\}}{\psi_N\left(\boldsymbol{x}^{(t)}\right)}- \\
&\frac{1}{\ln 2}\left[\frac{1}{\psi_N(\boldsymbol{x}^{(t)})}-\frac{1}{\psi_N(\boldsymbol{x}^{(t)})+\left(\boldsymbol{w}_N^{(t)}\right)^{\mathrm{H}}\boldsymbol{R}_N\boldsymbol{w}_N^{(t)}}\right]\times \\
&\left[\psi_N(\boldsymbol{x})+\boldsymbol{w}_N^{\mathrm{H}}\boldsymbol{R}_N\boldsymbol{w}_N-\psi_N\left(\boldsymbol{x}^{(t)}\right)-\left(\boldsymbol{w}_N^{(t)}\right)^{\mathrm{H}}\boldsymbol{R}_N\boldsymbol{w}_N^{(t)}\right] \\
&= \frac{1}{\ln 2}\frac{\Re\left\{\left(\boldsymbol{w}_N^{(t)}\right)^{\mathrm{H}}\boldsymbol{R}_N\left(\boldsymbol{w}_N-\boldsymbol{w}_N^{(t)}\right)\right\}}{\psi_N\left(\boldsymbol{x}^{(t)}\right)}- \\
&\frac{1}{\ln 2}\frac{\left(\boldsymbol{w}_N^{(t)}\right)^{\mathrm{H}}\boldsymbol{R}_N\boldsymbol{w}_N^{(t)}\left(\psi_N\left(\boldsymbol{x}\right)+\boldsymbol{w}_N^{\mathrm{H}}\boldsymbol{R}_N\boldsymbol{w}_N\right)}{\psi_N\left(\boldsymbol{x}^{(t)}\right)\left[\psi_N\left(\boldsymbol{x}^{(t)}\right)+\left(\boldsymbol{w}_N^{(t)}\right)^{\mathrm{H}}\boldsymbol{R}_N\boldsymbol{w}_N^{(t)}\right]}+ \\
&\frac{1}{\ln 2}\frac{\left(\boldsymbol{w}_N^{(t)}\right)^{\mathrm{H}}\boldsymbol{R}_N\boldsymbol{w}_N^{(t)}}{\psi_N\left(\boldsymbol{x}^{(t)}\right)} \\
&= \frac{2}{\ln 2}\frac{\Re\left\{\left(\boldsymbol{w}_N^{(t)}\right)^{\mathrm{H}}\boldsymbol{R}_N\boldsymbol{w}_N\right\}}{\psi_N\left(\boldsymbol{x}^{(t)}\right)}-\frac{1}{\ln 2}\frac{\left(\boldsymbol{w}_N^{(t)}\right)^{\mathrm{H}}\boldsymbol{R}_N\boldsymbol{w}_N^{(t)}}{\psi_N(\boldsymbol{x}^{(t)})}- \\
&\frac{1}{\ln 2}\frac{\left(\boldsymbol{w}_N^{(t)}\right)^{\mathrm{H}}\boldsymbol{R}_N\boldsymbol{w}_N^{(t)}\left(\psi_N(\boldsymbol{x})+\boldsymbol{w}_N^{\mathrm{H}}\boldsymbol{R}_N\boldsymbol{w}_N\right)}{\psi_N(\boldsymbol{x}^{(t)})\left[\psi_N(\boldsymbol{x}^{(t)})+\left(\boldsymbol{w}_N^{(t)}\right)^{\mathrm{H}}\boldsymbol{R}_N\boldsymbol{w}_N^{(t)}\right]}
\end{aligned}
$$

将得到的结果代入式 (4-24)，则可以得到式 (4-21) 所示结果。

证明结束。 □

定理 4.2 令

$$
\psi_e\left(\boldsymbol{w},\boldsymbol{v}\right)=\rho_e\sum_{n=1}^{N-1}\boldsymbol{w}_n^{\mathrm{H}}\boldsymbol{R}_e\boldsymbol{w}_n+\rho_e\boldsymbol{v}^{\mathrm{H}}\boldsymbol{R}_e\boldsymbol{v}+\rho_e\sum_{m=1}^{M}\tilde{\boldsymbol{u}}_m^{\mathrm{H}}\boldsymbol{G}_{m,e}\tilde{\boldsymbol{u}}_m+\sigma_e^2 \tag{4-25a}
$$

$$\psi_e(\boldsymbol{w},\boldsymbol{v},\boldsymbol{u})=\rho_e\sum_{n=1}^{N-1}\boldsymbol{w}_n^{\mathrm{H}}\boldsymbol{R}_e\boldsymbol{w}_n+\rho_e\boldsymbol{v}^{\mathrm{H}}\boldsymbol{R}_e\boldsymbol{v}+\rho_e\sum_{m=1}^{M}\boldsymbol{u}_m^{\mathrm{H}}\boldsymbol{G}_{m,e}\boldsymbol{u}_m+\sigma_e^2 \tag{4-25b}$$

针对 NCoSTB 机制，近似上界 $C_{eN}(\boldsymbol{w},\boldsymbol{v})$ 为

$$\begin{aligned}&C_{eN}(\boldsymbol{w},\boldsymbol{v})\leqslant C_{eN}^{(t)}(\boldsymbol{w},\boldsymbol{v})\\&\triangleq C_{eN}\left(\boldsymbol{w}^{(t)},\boldsymbol{v}^{(t)}\right)-\frac{1}{\ln 2}+\\&\frac{1}{\ln 2}\frac{\psi_e\left(\boldsymbol{w}^{(t)},\boldsymbol{v}^{(t)}\right)}{\psi_e(\boldsymbol{w}^{(t)},\boldsymbol{v}^{(t)})+\left(\boldsymbol{w}_N^{(t)}\right)^{\mathrm{H}}\boldsymbol{R}_e\boldsymbol{w}_N^{(t)}}\left(\frac{\boldsymbol{w}_N^{\mathrm{H}}\boldsymbol{R}_e\boldsymbol{w}_N}{\psi_e^{(t)}(\boldsymbol{w},\boldsymbol{v})}+1\right)\end{aligned} \tag{4-26}$$

其中，

$$\begin{aligned}\psi_e^{(t)}(\boldsymbol{w},\boldsymbol{v})=&\rho_e\sum_{n=1}^{N-1}\Re\left\{\left\langle\boldsymbol{h}_e^{\mathrm{H}}\boldsymbol{w}_n^{(t)},2\boldsymbol{h}_e^{\mathrm{H}}\boldsymbol{w}_n-\boldsymbol{h}_e^{\mathrm{H}}\boldsymbol{w}_n^{(t)}\right\rangle\right\}+\\&\rho_e\Re\left\{\left\langle\boldsymbol{h}_e^{\mathrm{H}}\boldsymbol{v}^{(t)},2\boldsymbol{h}_e^{\mathrm{H}}\boldsymbol{v}-\boldsymbol{h}_e^{\mathrm{H}}\boldsymbol{v}^{(t)}\right\rangle\right\}+\\&\rho_e\sum_{m=1}^{M}\tilde{\boldsymbol{u}}_m^{\mathrm{H}}\boldsymbol{G}_{m,e}^{\mathrm{H}}\tilde{\boldsymbol{u}}_m+\sigma_e^2\end{aligned} \tag{4-27}$$

类似地，针对 CoSTB 机制，近似下界 $C_{eN}(\boldsymbol{w},\boldsymbol{v},\boldsymbol{u})$ 为

$$\begin{aligned}&C_{eN}(\boldsymbol{w},\boldsymbol{v},\boldsymbol{u})\leqslant C_{eN}^{(t)}(\boldsymbol{w},\boldsymbol{v},\boldsymbol{u})\\&\triangleq C_{eN}\left(\boldsymbol{w}^{(t)},\boldsymbol{v}^{(t)},\boldsymbol{u}^{(t)}\right)-\\&\frac{1}{\ln 2}+\frac{1}{\ln 2}\frac{\psi_e\left(\boldsymbol{w}^{(t)},\boldsymbol{v}^{(t)},\boldsymbol{u}^{(t)}\right)}{\psi_e(\boldsymbol{w}^{(t)},\boldsymbol{v}^{(t)},\boldsymbol{u}^{(t)})+\left(\boldsymbol{w}_N^{(t)}\right)^{\mathrm{H}}\boldsymbol{R}_e\boldsymbol{w}_N^{(t)}}\left(\frac{\boldsymbol{w}_N^{\mathrm{H}}\boldsymbol{R}_e\boldsymbol{w}_N}{\psi_e^{(t)}(\boldsymbol{w},\boldsymbol{v},\boldsymbol{u})}+1\right)\end{aligned} \tag{4-28}$$

其中，

$$\begin{aligned}\psi_e^{(t)}\left(\boldsymbol{w},\boldsymbol{v},\boldsymbol{u}\right)=&\rho_e\sum_{n=1}^{N-1}\Re\left\{\left\langle\boldsymbol{h}_e^{\mathrm{H}}\boldsymbol{w}_n^{(t)},2\boldsymbol{h}_e^{\mathrm{H}}\boldsymbol{w}_n-\boldsymbol{h}_e^{\mathrm{H}}\boldsymbol{w}_n^{(t)}\right\rangle\right\}+\\&\rho_e\Re\left\{\left\langle\boldsymbol{h}_e^{\mathrm{H}}\boldsymbol{v}^{(t)},2\boldsymbol{h}_e^{\mathrm{H}}\boldsymbol{v}-\boldsymbol{h}_e^{\mathrm{H}}\boldsymbol{v}^{(t)}\right\rangle\right\}+\\&\rho_e\sum_{m=1}^{M}\tilde{\boldsymbol{u}}_m^{\mathrm{H}}\boldsymbol{G}_{m,e}^{\mathrm{H}}\tilde{\boldsymbol{u}}_m+\sigma_e^2\end{aligned}\tag{4-29}$$

注：当

$$\psi_e^{(t)}\left(\boldsymbol{w},\boldsymbol{v}\right)\geqslant 0\tag{4-30a}$$

$$\psi_e^{(t)}\left(\boldsymbol{w},\boldsymbol{v},\boldsymbol{u}\right)\geqslant 0\tag{4-30b}$$

时，由式 (4-26) 和式 (4-28) 表达可知，$C_{eN}^{(t)}\left(\boldsymbol{w},\boldsymbol{v}\right)$ 和 $C_{eN}^{(t)}\left(\boldsymbol{w},\boldsymbol{v},\boldsymbol{u}\right)$ 分别为 $(\boldsymbol{w},\boldsymbol{v})$ 和 $(\boldsymbol{w},\boldsymbol{v},\boldsymbol{u})$ 的凸函数。

证明 与定理 4.1 的证明类似，这里以 CoSTB 机制为例，证明上界 $C_{eN}\left(\boldsymbol{w},\boldsymbol{v},\boldsymbol{u}\right)$，对 NCoSTB 机制中上界 $C_{eN}\left(\boldsymbol{w},\boldsymbol{v}\right)$ 的证明类似，仅需将 $\boldsymbol{u}$ 作为常数向量处理。

由式 (4-13) 定义可知，

$$\begin{aligned}C_{eN}\left(\boldsymbol{w},\boldsymbol{v},\boldsymbol{u}\right)&=\ln\left(1+\frac{\boldsymbol{w}_N^{\mathrm{H}}\boldsymbol{R}_e\boldsymbol{w}_N}{\psi_e\left(\boldsymbol{w},\boldsymbol{v},\boldsymbol{u}\right)}\right)\\&=\log_2\left(1+\mathit{\Gamma}_e\left(\boldsymbol{w},\boldsymbol{v},\boldsymbol{u}\right)\right)\triangleq C_{eN}\left(\mathit{\Gamma}_e\left(\boldsymbol{w},\boldsymbol{v},\boldsymbol{u}\right)\right)\end{aligned}\tag{4-31}$$

且 $C_{eN}\left(\boldsymbol{w},\boldsymbol{v},\boldsymbol{u}\right)$ 为 $\mathit{\Gamma}_e\left(\boldsymbol{w},\boldsymbol{v},\boldsymbol{u}\right)$ 的增函数和凹函数。令 $\boldsymbol{x}^{(t)}=\{\boldsymbol{w}^{(t)},\boldsymbol{v}^{(t)},\boldsymbol{u}^{(t)}\}$，$\boldsymbol{x}=\{\boldsymbol{w},\boldsymbol{v},\boldsymbol{u}\}$，则有

$$\begin{aligned}\log_2\left(1+\mathit{\Gamma}_e\left(\boldsymbol{x}\right)\right)\leqslant&\log_2\left(1+\mathit{\Gamma}_e\left(\boldsymbol{x}^{(t)}\right)\right)+\\&\left\langle\nabla C_{eN}\left(\mathit{\Gamma}_e\left(\boldsymbol{x}^{(t)}\right)\right),\mathit{\Gamma}_e^{(t)}\left(\boldsymbol{x}\right)-\mathit{\Gamma}_e\left(\boldsymbol{x}^{(t)}\right)\right\rangle\end{aligned}\tag{4-32}$$

其中，

$$\begin{aligned}&\left\langle\nabla C_{eN}\left(\mathit{\Gamma}_e\left(\boldsymbol{x}^{(t)}\right)\right),\mathit{\Gamma}_e\left(\boldsymbol{x}\right)-\mathit{\Gamma}_e\left(\boldsymbol{x}^{(t)}\right)\right\rangle\\=&\frac{1}{\ln 2}\frac{\psi_e\left(\boldsymbol{x}^{(t)}\right)}{\psi_e\left(\boldsymbol{x}^{(t)}\right)+\left(\boldsymbol{w}_N^{(t)}\right)^{\mathrm{H}}\boldsymbol{R}_e\boldsymbol{w}_N^{(t)}}\times\end{aligned}$$

$$
\left(\frac{\boldsymbol{w}_N^{\mathrm{H}}\boldsymbol{R}_e\boldsymbol{w}_N}{\psi_e^{(t)}(\boldsymbol{x})}-\frac{\left(\boldsymbol{w}_N^{\mathrm{H}}\right)^{(t)}\boldsymbol{R}_e\boldsymbol{w}_N^{(t)}}{\psi_e\left(\boldsymbol{x}^{(t)}\right)}\right)
$$

$$
=\frac{1}{\ln 2}\frac{\psi_e\left(\boldsymbol{x}^{(t)}\right)}{\psi_e\left(\boldsymbol{x}^{(t)}\right)+\left(\boldsymbol{w}_N^{(t)}\right)^{\mathrm{H}}\boldsymbol{R}_e\boldsymbol{w}_N^{(t)}}\times
$$

$$
\cdot\left(\frac{\boldsymbol{w}_N^{\mathrm{H}}\boldsymbol{R}_e\boldsymbol{w}_N}{\psi_e^{(t)}(\boldsymbol{x})}+1-1-\frac{\left(\boldsymbol{w}_N^{\mathrm{H}}\right)^{(t)}\boldsymbol{R}_e\boldsymbol{w}_N^{(t)}}{\psi_e\left(\boldsymbol{x}^{(t)}\right)}\right)
$$

$$
=\frac{1}{\ln 2}\frac{\psi_e\left(\boldsymbol{x}^{(t)}\right)}{\psi_e\left(\boldsymbol{x}^{(t)}\right)+\left(\boldsymbol{w}_N^{(t)}\right)^{\mathrm{H}}\boldsymbol{R}_e\boldsymbol{w}_N^{(t)}}\left(\frac{\boldsymbol{w}_N^{\mathrm{H}}\boldsymbol{R}_e\boldsymbol{w}_N}{\psi_e^{(t)}(\boldsymbol{x})}+1\right)-\frac{1}{\ln 2} \tag{4-33}
$$

其中，$\psi_e^{(t)}(\boldsymbol{w},\boldsymbol{v},\boldsymbol{u})$ 由式 (4-29) 定义。将上述推导得到的结果代入式 (4-32)，从而得到式 (4-28) 所示结果。

证明结束。 □

根据定理 4.1 和定理 4.2，安全传输速率的优化问题 (4-14) 和 (4-16) 转化为一系列迭代的凸二次优化问题，从而降低计算复杂度，提高算法效率。由于 NCoSTB 机制优化问题的求解可以看作 CoSTB 问题中优化变量 $\boldsymbol{u}$ 为固定常数向量的特殊情况，因此，本节接下来的部分中，仍以 CoSTB 为例，设计基于路径追踪的二次近似迭代算法，对优化问题 (4-16) 实现快速有效求解。

根据式 (4-21) 和式 (4-28)，第 t 次迭代中对优化问题 (4-16) 建立近似凸二次规划优化问题：

$$
\max_{\substack{\boldsymbol{w}_n,\forall n,\boldsymbol{v}\\ \boldsymbol{u}_m,\forall m}} \quad C_{sN}^{(t)}(\boldsymbol{w},\boldsymbol{v},\boldsymbol{u}) \tag{4-34a}
$$

$$
\text{s.}t.\ \text{式 (4-16b), (4-16c), (4-16d), (4-16e)，(4-30b)} \tag{4-34b}
$$

其中，$C_{sN}^{(t)}(\boldsymbol{w},\boldsymbol{v},\boldsymbol{u})$ 由式 (4-21) 和式 (4-28) 得到。

4.4.2.2 路径追踪迭代算法设计

基于 4.4.2.1 节建立的近似优化问题，本节设计基于路径追踪二次近似的协作粒子群优化算法 ICPSO，见算法 6。算法 6 仍以 CoSTB 机制为例，优化卫星和地面 BS 的波束成形及 AN 信号。

算法 6 面向 CoSTB 机制的 ICPSO 算法

初始化:

迭代次数：$t=1$；

最大迭代次数：N_{iter}；

计算初始可行解 $\left(\boldsymbol{w}^{(1)},\boldsymbol{v}^{(1)},\boldsymbol{u}^{(1)}\right)$：依据 MRT 计算 $\tilde{\boldsymbol{w}}$ 和 $\tilde{\boldsymbol{u}}$，初始化 $\tilde{\boldsymbol{v}}=\mathbf{0}$，调整 $(\tilde{\boldsymbol{w}},\tilde{\boldsymbol{v}},\tilde{\boldsymbol{u}})$ 满足约束 (4-34b)。

1: **for** 所有 $t\leqslant N_{\text{iter}}$ **do**

2: 求解优化问题 (4-34)；

3: 得到最优解 $(\boldsymbol{w}^*,\boldsymbol{v}^*,\boldsymbol{u}^*)$；

4: $t=t+1$,

5: $\boldsymbol{w}^{(t)}=\boldsymbol{w}^*$，$\boldsymbol{v}^{(t)}=\boldsymbol{v}^*$，$\boldsymbol{u}^{(t)}=\boldsymbol{u}^*$。

6: **end for**

输出:

最优解：$(\boldsymbol{w}^*,\boldsymbol{v}^*,\boldsymbol{u}^*)$。

在算法 6 步骤 3 中，应用算法 5 介绍的 CPSO 算法求解近似优化问题的最优解。经过 N_{iter} 次迭代后，得到的 $(\boldsymbol{w}^*,\boldsymbol{v}^*,\boldsymbol{u}^*)$ 即为优化问题 (4-16) 的最优解。针对 NCoSTB 的优化问题 (4-14) 可以通过类似方法进行求解。

4.4.3 ICPSO 算法有效性分析

本节将分析提出的 ICPSO 算法的有效性，证明在第 t 次迭代中，计算得到的最优解 $\left(\boldsymbol{w}^{(t+1)},\boldsymbol{v}^{(t+1)}\right)/\left(\boldsymbol{w}^{(t+1)},\boldsymbol{v}^{(t+1)},\boldsymbol{u}^{(t+1)}\right)$ 优于上一次迭代得到的 $\left(\boldsymbol{w}^{(t)},\boldsymbol{v}^{(t)}\right)/\left(\boldsymbol{w}^{(t)},\boldsymbol{v}^{(t)},\boldsymbol{u}^{(t)}\right)$，能够使被窃听 FSS 终端获得更大的安全传输速率 C_{sN}，且 $\lim\limits_{t\to\infty}C_{sN}\left(\boldsymbol{w}^{(t)},\boldsymbol{v}^{(t)}\right)/\lim\limits_{t\to\infty}C_{sN}\left(\boldsymbol{w}^{(t)},\boldsymbol{v}^{(t)},\boldsymbol{u}^{(t)}\right)$ 为优化问题的 KKT（Karush-Kuhn-Tucker）点。

仍以 CoSTB 机制为例分析 ICPSO 算法的有效性。通过式 (4-21) 和式 (4-28) 的定义，针对第 t 次迭代的优化问题，有

$$C_{sN}\left(\boldsymbol{w},\boldsymbol{v},\boldsymbol{u}\right)\geqslant C_{sN}^{(t)}\left(\boldsymbol{w},\boldsymbol{v},\boldsymbol{u}\right)\tag{4-35a}$$

$$C_{sN}\left(\boldsymbol{w}^{(t)},\boldsymbol{v}^{(t)},\boldsymbol{u}^{(t)}\right)=C_{sN}^{(t)}\left(\boldsymbol{w}^{(t)},\boldsymbol{v}^{(t)},\boldsymbol{u}^{(t)}\right)\tag{4-35b}$$

$$C_{sN}\left(\boldsymbol{w}^{(t+1)},\boldsymbol{v}^{(t+1)},\boldsymbol{u}^{(t+1)}\right)\geqslant C_{sN}^{(t)}\left(\boldsymbol{w}^{(t+1)},\boldsymbol{v}^{(t+1)},\boldsymbol{u}^{(t+1)}\right)\tag{4-35c}$$

$\forall\ \boldsymbol{w},\boldsymbol{v},\boldsymbol{u}$。此外，$\left(\boldsymbol{w}^{(t)},\boldsymbol{v}^{(t)},\boldsymbol{u}^{(t)}\right)$ 和 $\left(\boldsymbol{w}^{(t+1)},\boldsymbol{v}^{(t+1)},\boldsymbol{u}^{(t+1)}\right)$ 均为第 t 次

迭代优化问题的可行解。根据算法 6，$\left(\boldsymbol{w}^{(t+1)}, \boldsymbol{v}^{(t+1)}, \boldsymbol{u}^{(t+1)}\right)$ 是第 t 次迭代的优化问题的最优解，由此可知

$$C_{sN}^{(t)}\left(\boldsymbol{w}^{(t)}, \boldsymbol{v}^{(t)}, \boldsymbol{u}^{(t)}\right) \leqslant C_{sN}^{(t)}\left(\boldsymbol{w}^{(t+1)}, \boldsymbol{v}^{(t+1)}, \boldsymbol{u}^{(t+1)}\right) \tag{4-36}$$

从而得到：

$$\begin{aligned} & C_{sN}\left(\boldsymbol{w}^{(t+1)}, \boldsymbol{v}^{(t+1)}, \boldsymbol{u}^{(t+1)}\right) \geqslant C_{sN}^{(t)}\left(\boldsymbol{w}^{(t+1)}, \boldsymbol{v}^{(t+1)}, \boldsymbol{u}^{(t+1)}\right) \\ > & C_{sN}^{(t)}\left(\boldsymbol{w}^{(t)}, \boldsymbol{v}^{(t)}, \boldsymbol{u}^{(t)}\right) = C_{sN}\left(\boldsymbol{w}^{(t)}, \boldsymbol{v}^{(t)}, \boldsymbol{u}^{(t)}\right) \end{aligned} \tag{4-37}$$

因此，第 t 次迭代优化问题的最优解 $\left(\boldsymbol{w}^{(t+1)}, \boldsymbol{v}^{(t+1)}, \boldsymbol{u}^{(t+1)}\right)$ 优于 $(\boldsymbol{w}^{(t)}, \boldsymbol{v}^{(t)}, \boldsymbol{u}^{(t)})$，能够使优化问题 (4-16) 得到更大的 C_{sN}。

由于通过迭代得到的最优解序列 $\left\{\left(\boldsymbol{w}^{(t)}, \boldsymbol{v}^{(t)}, \boldsymbol{u}^{(t)}\right) | t=1,2,\cdots,T\right\}$ 满足约束 (4-16b)、(4-16c)、(4-16d) 和 (4-16e)，因此，必然存在一个子序列 $\left\{\left(\boldsymbol{w}^{(t_\tau)}, \boldsymbol{v}^{(t_\tau)}, \boldsymbol{u}^{(t_\tau)}\right) | t_\tau \in \{1,2,\cdots,T\}\right\}$ 收敛到点 $(\boldsymbol{w}^*, \boldsymbol{v}^*, \boldsymbol{u}^*)$，即

$$\lim_{\tau \to \infty}\left[C_{sN}\left(\boldsymbol{w}^{(t_\tau)}, \boldsymbol{v}^{(t_\tau)}, \boldsymbol{u}^{(t_\tau)}\right) - C_{sN}\left(\boldsymbol{w}^*, \boldsymbol{v}^*, \boldsymbol{u}^*\right)\right] = 0 \tag{4-38}$$

因此对于所有 t，存在 τ（$t_\tau \leqslant t \leqslant t_{\tau+1}$），使

$$\begin{aligned} 0 &= \lim_{\tau \to \infty}\left[C_{sN}\left(\boldsymbol{w}^{(t_\tau)}, \boldsymbol{v}^{(t_\tau)}, \boldsymbol{u}^{(t_\tau)}\right) - C_{sN}\left(\boldsymbol{w}^*, \boldsymbol{v}^*, \boldsymbol{u}^*\right)\right] \\ &\leqslant \lim_{t \to \infty}\left[C_{sN}\left(\boldsymbol{w}^{(t)}, \boldsymbol{v}^{(t)}, \boldsymbol{u}^{(t)}\right) - C_{sN}\left(\boldsymbol{w}^*, \boldsymbol{v}^*, \boldsymbol{u}^*\right)\right] \\ &\leqslant \lim_{\tau \to \infty}\left[C_{sN}\left(\boldsymbol{w}^{(t_\tau+1)}, \boldsymbol{v}^{(t_\tau+1)}, \boldsymbol{u}^{(t_\tau+1)}\right) - C_{sN}\left(\boldsymbol{w}^*, \boldsymbol{v}^*, \boldsymbol{u}^*\right)\right] = 0 \end{aligned} \tag{4-39}$$

由此可得：

$$\lim_{t \to \infty} C_{sN}\left(\boldsymbol{w}^{(t)}, \boldsymbol{v}^{(t)}, \boldsymbol{u}^{(t)}\right) = C_{sN}\left(\boldsymbol{w}^*, \boldsymbol{v}^*, \boldsymbol{u}^*\right) \tag{4-40}$$

因此，每次迭代得到的最优点 $(\boldsymbol{w}^*, \boldsymbol{v}^*, \boldsymbol{u}^*)$ 是序列 $\left\{\left(\boldsymbol{w}^{(t)}, \boldsymbol{v}^{(t)}, \boldsymbol{u}^{(t)}\right) | t=1,2,\cdots,T\right\}$ 的 KKT 点。

4.4.4 ICPSO 算法计算复杂度分析

首先分析 CPSO 算法的复杂度。CPSO 算法的复杂度包括两个部分，即每次迭代的复杂度以及引入迭代所带来的复杂度。在每次迭代中，所有

粒子群中每个粒子的适应值需要与本地的最优解和粒子群的全局最优解进行对比 [142]。因此，在每次迭代过程中，计算复杂度为

$$\mathcal{C}^{\text{iter}}\left(\text{CPSO-NCoSTB}\right)=\mathcal{O}\left(I\left(NN_s+N_s\right)\right) \tag{4-41a}$$

$$\mathcal{C}^{\text{iter}}\left(\text{CPSO-CoSTB}\right)=\mathcal{O}\left(I\left(NN_s+MN_p+N_s\right)\right) \tag{4-41b}$$

其中，I 为算法 5 中定义的粒子数。则 CPSO 算法的总计算复杂度为

$$\mathcal{C}\left(\text{CPSO-NCoSTB}\right)=\mathcal{O}\left(TI\left(NN_s+N_s\right)\right) \tag{4-42a}$$

$$\mathcal{C}\left(\text{CPSO-CoSTB}\right)=\mathcal{O}\left(TI\left(NN_s+MN_p+N_s\right)\right) \tag{4-42b}$$

其中，T 表示定义的最大迭代次数。类似地，本项研究提出的 ICPSO 算法的计算复杂度为

$$\mathcal{C}\left(\text{ICPSO-NCoSTB}\right)=\mathcal{O}\left(N_{\text{iter}}T_0I\left(NN_s+N_s\right)\right) \tag{4-43a}$$

$$\mathcal{C}\left(\text{ICPSO-CoSTB}\right)=\mathcal{O}\left(N_{\text{iter}}T_0I\left(NN_s+MN_p+N_s\right)\right) \tag{4-43b}$$

其中，N_{iter} 表示算法 6 中的最大迭代次数，T_0 为步骤 3 中应用 CPSO 算法时所规定的最大迭代次数。

4.5 仿真分析

本节通过仿真验证设计提出的安全传输波束成形机制对星地－地面混合通信网络安全性和传输质量的改进，并验证提出的基于路径追踪的二次规划优化算法对收敛性能的提升。

4.5.1 参数设置

仿真场景包含一颗卫星、5 个 FSS 终端以及卫星覆盖范围内 15 个地面 BS [53,143]。卫星搭载天线数为 15，每个 BS 搭载天线数为 16 [53]。其他仿真参数列于表 4.2 中。

表 4.2　仿真参数

参数	参数值
地面 BS 通信频率	17 700 ~ 18 934 MHz [143-144]
卫星通信频率	17 700 ~ 18 895.2 MHz [143-144]
地面传输功率	−26 ~ −22 dBW [143]
卫星传输功率	23.01 dBW [145]
地面 BS 传输带宽	56 MHz [143]
卫星传输带宽	62.4 MHz [116,143]
PU 噪声功率 σ_{p}	−121.52 dBW [143]
FSS 终端噪声功率 σ_{s}	−126.47 dBW [116,143]
窃听节点噪声功率 σ_{e}	−121.52 dBW
地面通信散射路径数 L	2 [126]
星地通信散射路径数 L_m	3 [50]

4.5.2　算法收敛性

首先在应用 NCoSTB 和 CoSTB 机制下，对比本章所提出的 ICPSO 算法与传统 CPSO 算法的收敛性。在两种算法的初始化中，对 $(\boldsymbol{w},\boldsymbol{v})$ 和 $(\boldsymbol{w},\boldsymbol{v},\boldsymbol{u})$ 随机赋予满足优化约束的初始可行值。在使用 CPSO 算法直接求解优化问题 (4-16) 和 (4-14) 时，将最大迭代次数设为 100；应用 ICPSO 算法时，算法 6 中设置 $N_{\text{iter}}=5$，在每次迭代应用 CPSO 算法时，最大收敛次数设为 $T=20$。因此，对于 ICPSO 算法，第 1、21、41、61、81 次迭代更新表示第 1、2、3、4、5 次迭代优化问题 (4-34) 的开始。通过这种设置，CPSO 算法与 ICPSO 算法的总迭代次数均为 100。FSS 终端和 BS 用户的 SINR 阈值设置为 $\gamma_n=\gamma_{ms}=0$ dB，$\forall n,\ m$ [54]。使用 ICPSO 算法与传统 CPSO 算法求解 NCoSTB 和 CoSTB 机制下的优化问题 (4-16) 和 (4-14)，图 4.2（a） 和图 4.2（b） 分别显示了在不同波束成形机制下，被窃听 FSS_N 的可达安全传输速率随迭代次数变化的仿真结果。图中，“CPSO 1”“CPSO 2”分别表示 $(\boldsymbol{w},\boldsymbol{v})$ 和 $(\boldsymbol{w},\boldsymbol{v},\boldsymbol{u})$ 的两种不同初始可行值设置。同时以不存在窃听节点情况下的 FSS_N 可达安全传输速率作为对比，如图 4.2 中实线所示。

图 4.2 仿真结果显示，针对 NCoSTB 和 CoSTB 两种波束成形机制，在总迭代次数相同的情况下，ICPSO 算法均能收敛到比 CPSO 更

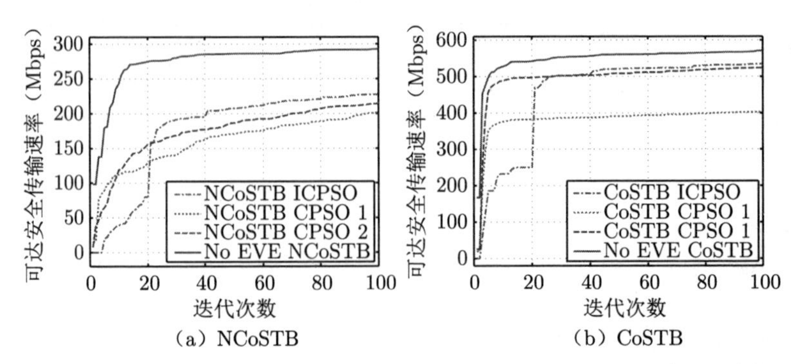

（a）NCoSTB （b）CoSTB

图 4.2 NCoSTB 与 CoSTB 机制下 $\mathbf{FSS}_N$ 可达安全传输速率的收敛性

高的可达安全传输速率，实现对窃听节点干扰更大、对系统内合法接收干扰最小的波束成形、功率分配和 AN 信号。与直接使用 CPSO 算法求解优化问题 (4-16) 和 (4-14) 相比，本项研究设计的 ICPSO 算法通过迭代求解构建的近似优化问题 (4-34b)，能够得到更快的收敛速度。同时，图 4.2 中的结果也说明了优化变量的初始值设置对算法收敛性影响较大，当选择不同初始设置时，CPSO 算法收敛到非全局最优的局部最优解。此外，由图 4.2（a）和图 4.2（b）结果可以看出，引入基于地面 BS 协作的波束成形机制，能够使被窃听的 FSS_N 安全传输速率提高 50% 以上。

图 4.3 结果显示了 CPSO 算法与 ICPSO 算法优化变量初始化设置对算法收敛性能的影响。图中，“Non-MRT”表示随机设置满足约束的初始可行值。如图 4.2（a）和图 4.2（b）所示，对于 NCoSTB 和 CoSTB 机制，当设置相同的初始值时，ICPSO 算法均具有比 CPSO 算法更快的收敛速度，并能收敛到更大的可达安全传输速率。同时，不论是否使用基于 MRT 的初始化设置，ICPSO 算法在迭代初期的收敛值低于 CPSO 算法，但随着近似优化问题 (4-34b) 的迭代，如在第 21 次迭代后，ICPSO 算法可以得到更快的收敛速度，收敛到更高的安全传输速率。

此外，由于原始优化问题的非凸特性以及粒子群算法可能收敛到局部最优的缺点，CPSO 算法与 ICPSO 算法的收敛性能均受到优化变量初始值设置的影响。同时，图 4.2 和图 4.3 的仿真结果均显示，在迭代初始阶段，被窃听 FSS 终端的可达安全传输速率存在为 0 的情况，这是根据式 (4-12) 定义，当 $C_N(\boldsymbol{w},\boldsymbol{v})-C_{eN}(\boldsymbol{w},\boldsymbol{v})$ 或 $C_N(\boldsymbol{w},\boldsymbol{v},\boldsymbol{u})-C_{eN}(\boldsymbol{w},\boldsymbol{v},\boldsymbol{u})$ 值为负数时，被窃听合法接收终端的可达安全传输速率定义为 0。随着算法迭代过程的最优解追踪，可达安全传输速率逐渐收敛到最大点。

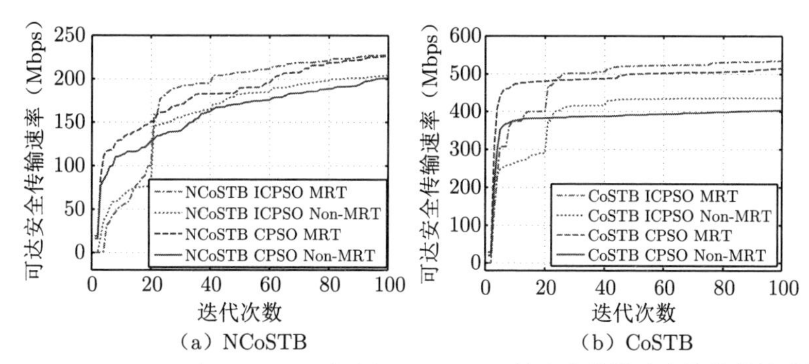

图 4.3　NCoSTB 与 CoSTB 机制下 FSS_N 可达安全传输速率的收敛性随初始值设置的变化

4.5.3　搭载天线数对系统传输性能影响

将卫星搭载的天线数由 5 逐渐增大至 15，BS 用户的 SINR 阈值分别取值为 $\gamma_{ms}=\gamma_{\mathrm{p}}^1=0$ dB 和 $\gamma_{ms}=\gamma_{\mathrm{p}}^2=6$ dB，$\forall\ m\in\mathcal{M}$ [146]。针对 NCoSTB 和 CoSTB 机制，分别使用 ICPSO 算法和 CPSO 算法对安全传输优化问题进行求解，被窃听 FSS 终端的可达安全传输速率如图 4.4 所示。仿真结果显示，随着卫星搭载天线数的增多，不论地面 BS 是否参与协作波束成形，被窃听 FSS 终端的可达安全速率均得到提高，这是由于卫星天线增多能够带来更高的传输容量。此外，当 BS 要求更高的 SINR 时，卫星需要调整波束成形及 AN 信号以降低向 FSS 终端的传输功率，从而降低对 BS 用户接收的干扰以满足更高的 γ_{p}，因此，被窃听 FSS 终端的安全传输速率将会下降，图 4.4 仿真结果验证了这一影响作用。但是，借助于卫星搭载天线数 N_{s} 的提高，在高 SINR 阈值 γ_{p} 下，FSS_N 仍能获得与低 γ_{p} 下接近的可达安全传输速率。这进一步验证了借助于 mmWave 技术，多天线能够带来更高速、安全的系统传输质量。

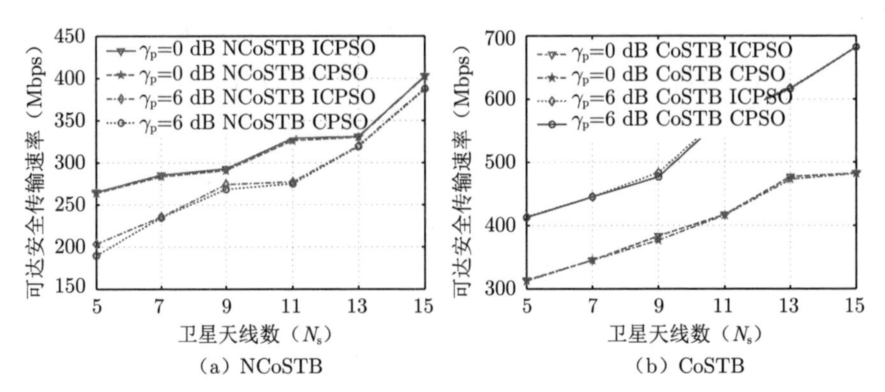

（a）NCoSTB （b）CoSTB

图 4.4 可达安全传输速率随卫星搭载天线数 N_s 及信干噪比阈值 γ_p 的变化

针对 NCoSTB 机制和 CoSTB 机制，图 4.5 显示了当卫星搭载数 N_s 和 BS 用户 SINR 阈值 γ_{ms} 提高时，达到最大安全传输速率并满足 SINR 及功率约束条件下，卫星传输功率的变化。结果显示，卫星传输功率随搭载天线数 N_s 的提高而降低。当 BS 用户 SINR 阈值提高，即 $\gamma_{ms}=\gamma_p=6$ dB 时，卫星传输功率降低以保证地面网络的通信质量。图 4.4 和图 4.5 均证明了多天线技术对通信系统性能的改进，即通信容量的提高和传输功率损耗的降低。

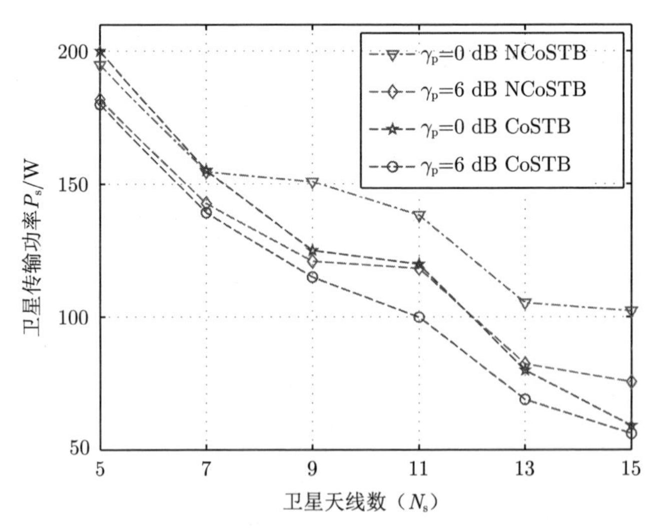

图 4.5 卫星传输功率 P_s 随卫星搭载天线数 N_s 及信干噪比阈值 γ_p 的变化

令 BS 用户 SINR 阈值为 $\gamma_{ms} = \gamma_p = 0$ dB，$\forall\, m \in \mathcal{M}$。BS 搭载天线数 N_{p} 由 4 增加至 24。图 4.6 显示了被窃听 FSS 终端的可达安全传输速率随 BS 天线数的变化。图 4.6 结果显示，对于 NCoSTB 机制，FSS_N 的安全速率随 N_{p} 变化微弱，这是由于在该机制下，BS 采用基于 MRT 的固定波束成形机制，每个 BS 的传输功率保持不变，从而对地面 FSS 终端的干扰影响没有显著变化。在使用 CoSTB 机制时，被窃听 FSS 终端的安全传输速率随 N_{p} 增加得到提高。图 4.6 仿真结果验证了 BS 协作波束成形机制能够为星地通信网络带来更高的传输速率和安全性，同时，BS 搭载天线的增多能够提高 BS 协作对窃听节点的干扰，降低对 FSS 合法终端的干扰，从而提高 FSS 终端接收的安全性。

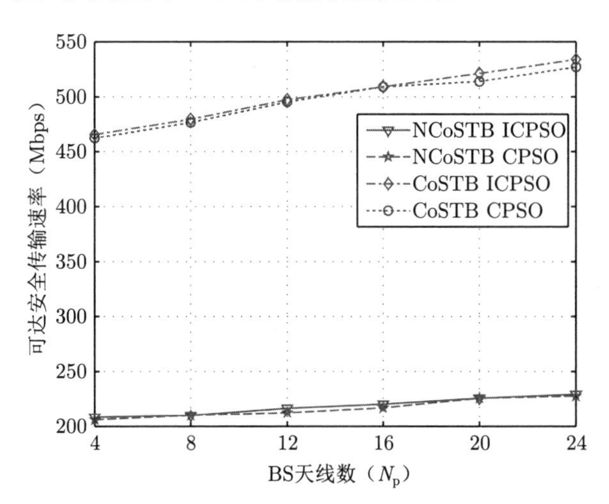

图 4.6　可达安全传输速率随 BS 搭载天线数 N_{p} 的变化

4.5.4　算法复杂度

令卫星搭载天线数量为 $\{5, 7, 9, 11, 13, 15\}$。针对 NCoSTB 和 CoSTB 机制，使用 CPSO 算法的最大迭代次数为 100；ICPSO 算法的迭代次数 $N_{\mathrm{iter}} = 5$，每次迭代时 CPSO 算法的最大迭代次数为 20。图 4.7 对比了不同波束成形机制下，使用 CPSO 算法和基于凸二次近似的 ICPSO 算法完成 100 次总迭代次数的时间损耗。仿真结果显示，两种波束成形机制下，本章设计的 ICPSO 算法可以实现更短的时间消耗，这是由于通过将

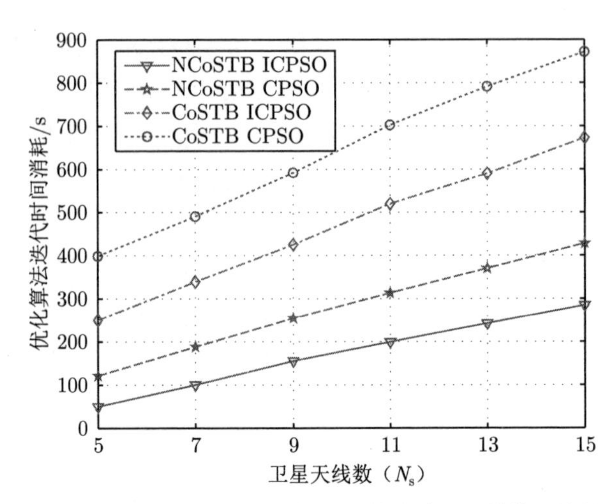

图 4.7　ICPSO 与 CPSO 波束形成优化算法随卫星搭载天线数 N_s 的变化

原非凸优化问题近似转化为凸二次优化问题，在使用 CPSO 算法进行求解时，可以更快完成最优解的搜索。同时，图 4.7 所示仿真结果揭示了算法复杂度和系统安全传输性能之间的折中。具体来说，图 4.2 ~ 图 4.4 结果显示，使用 CoSTB 机制引入 BS 的协作波束成形，能够提高被窃听 FFS 终端的安全传输速率。然而，对于 CoSTB 机制，优化变量数为 $NN_s+MN_p+N_s$，而 NCoSTB 机制下优化变量数为 NN_s+N_s，根据式 (4-42) 和式 (4-43)，CoSTB 机制带来了算法计算复杂度的提高。

4.6 小　　结

随着空间信息网络和 5G 网络在 Ka 频段的不断开发，星地通信与地面通信网络将面临日益严重的共信道干扰。同时，开放的网络环境也为星地通信安全带来严峻挑战。因此，实现星地 – 地面混合通信网络的干扰控制和安全传输对未来构建天地一体化网络具有至关重要的作用。针对这些问题，本章从星地 – 地面混合通信网络的干扰控制和安全传输需求出发，提出了基于地面基站协作的波束成形与人工噪声信号设计方法，能够在保证星地 – 地面混合网络传输质量的前提下，最大化星地通信的安全传输速率。

首先，针对星地 – 地面混合通信网络中的干扰控制及安全传输问题，本章以卫星波束成形以及 AN 信号设计为优化目标，设计了 NCoSTB 机制，建立了以星地 – 地面通信网络融合系统中被窃听 FSS 终端的可达安全传输速率最大化，卫星传输功率及地面 FSS 终端、BS 用户 SINR 阈值为约束的优化问题。为进一步提高星地通信的安全性，本章设计了基于 BS 协作波束成形的 CoSTN 机制，降低 BS 对星地系统通信的干扰的同时，提高其对系统中窃听节点的接收干扰。仿真结果显示，基于协作的 CoSTB 机制与 NCoSTB 机制相比，能够使被窃听卫星地面接收终端的安全传输速率提升 50% 以上，验证了基于协作的波束成形机制有助于提升星地 – 地面混合通信网络的传输质量及传输安全性。

针对建立的非凸优化问题，本章设计了基于路径追踪及二次规划近似的协作粒子群算法 ICPSO，使用 Tylar 展开的方式，将原优化问题转化为一系列二次规划问题的求解，从而改进传统 CPSO 算法的收敛性。仿真结果验证了本章提出的 ICPSO 算法能够实现更快的收敛速度，得到的波束成形向量及 AN 信号能够支持被窃听 FSS 终端获得更高的安全传输速率，提升系统安全性。同时，仿真结果也验证了多天线技术对通信系统传输容量和安全性的提升。

综上所述，本章从星地 – 地面混合通信网络中卫星与地面 BS 的波束成形机制出发，挖掘了协同干扰控制与安全可靠传输的相互作用机理，从而探索了两个共信道干扰网络之间的协作机制对于天地一体化网络传输质量和安全性的提升作用。通过协作机制，将星地通信与地面通信之间的干扰这一不利因素转化为提升星地传输安全的途径，探索了星地 – 地面混合通信网络中共信道干扰对于安全传输的最大增强作用，即干扰协同界。通过这一结论进一步指导异构网络资源的协同配置，有助于实现天地一体化网络的安全通信、干扰规避以及协作共存。随着第六代移动通信（6G）网络概念的提出，通过 5G 网络与遥感、通信、导航卫星的集成，将真正实现万物互联的大数据高速传输。这项研究将为 6G 网络中更加严重的干扰控制问题和各业务安全需求提供可行且有效的解决思路和手段。

第 5 章　高动态网络时间累积复杂性及其在资源配置的应用

5.1　引　　言

空间信息网络属于“复杂异构网络化信息系统”[147]。与传统地面无线传感网络不同，在空间信息网络中，卫星节点通常搭载数量、种类繁多的传感器或数据处理、通信设备，如我国目前在轨气象卫星风云三号 FY-3 A/B，表 5.1 列出了这两个系列卫星搭载的部分成像设备和探测设备及其参数，可以看出，这些设备在功能、性能上存在很大差异。随着卫星数量不断增多，这种卫星及传感器在数量、种类、性能方面的差异导致空间信息网络中卫星节点物理位置拓扑与卫星节点、传感器之间的逻辑拓扑关系更加复杂。同时，网络协作机制、资源配置机制等人为控制因素会对网络产生控制、影响作用，空间信息网络的复杂特征会直接影响这些网络管理优化机制性能的发挥。因此，挖掘空间信息网络的复杂特性以及该特性对网络性能的影响，将这种复杂特性与网络性能之间的相互影响关系应用到空间信息网络的资源优化配置中，可以更好地对网络的运行状态和性能进行掌握和控制。在第 2 章、第 3 章及第 4 章中，本书分别从协作传输能力增强、业务特性学习预测和安全传输方面出发，研究了空间信息网络的传输资源优化配置问题，本章将通过挖掘空间信息网络的复杂特性，优化网络的资源管理。

复杂网络（complex network）及复杂性研究理论可用于网络动态演化分析，并通过度分布、介数、群聚系数等指标揭示出网络连通性、节点重要性、中心性等网络特征。然而，传统复杂性分析应用的空间信息网络存在局限性。首先，传统复杂网络通常具有规模庞大的节点、连边数目，如社交网络 [148]、车载自组织网络（VANET）[149-150] 等，而在空间信息网络中，卫星数目较为有限，由于卫星的接入控制约束，卫星之间的链路数量受限。此外，传统复杂网络特性在空间信息网络中难以适用，例如，单颗卫星允许接入的卫星数量是有限的，这就导致不会存在度非常大的卫星节，因此度分布难以呈现幂率特性（power law）。因此，本章将针对空间信息网络动态演化过程及其复杂性建模展开研究，基于建立的网络模型，利用传统复杂网络分析方法对空间信息网络的复杂特性进行挖掘。

表 5.1　风云三号卫星 FY-3 A/B 搭载传感器及参数

主要传感器	光谱范围	空间分辨率/m	幅宽/km
可见与红外自旋扫描辐射计 中分辨率光谱成像仪	VIS/R	17 000/1100/250～1000	2800
微波温度计	EHF/U-band	15 000/50～7500	2700
微波辐射成像仪	X/Ku/K/Ka/W-band	15 000～85 000	1400
地球辐射探测仪 太阳辐照度监测仪	UV/VIS/IR	—	—
太阳散射紫外线探测仪 紫外臭氧总量探测仪	UV	200 000/50 000	—

另一方面，空间信息网络具有尤其显著的高动态特性，这种高动态特性必然会隐藏在单一时隙内或较小的分析时间尺度内无法显现或者不能真实呈现的网络特征中，这些隐含特征会影响网络资源管理机制及其性能的发挥。针对空间信息网络的高动态特性，本章提出一种基于时间累积的网络拓扑建模，通过在一定时间尺度的累积特征分析，实现高动态下隐藏网络特征的揭示。同时，通过网络结构的时间累积处理，即在时间维度上对节点数目有限的网络拓扑进行扩展，反映出网络在一定时间尺度内的连通状态，扩大了网络虚拟拓扑规模，使传统复杂性理论应用于空间信息网络成为可能，揭示出高动态下空间信息网络的复杂特性。通过基于时间累积的结构处理以及复杂理论分析方法，本章初步探索了将挖掘出的网络复杂特性应用到空间信息网络的资源优化配置中，从而有效提高网络性能。具体地，本章的研究内容和贡献主要包括以下四点：

（1）针对空间信息网络高动态特性，提出时间累积时变图建模方法，使用适当时间尺度，对高速变化的网络拓扑进行时间维度扩展；

（2）针对构建的空间信息网络时变图模型，引入复杂网络分析方法，对网络复杂特性进行分析，从而揭示网络中重要节点、链路以及网络连通度等性能；

（3）引入节点度分布作为链路建立准则，提出基于复杂性分析的空间信息网络时间累积时变图生成算法，提高信息在网络的传输效率；

（4）以空间信息网络安全防护场景为应用，验证了本章提出的基于空间信息网络时间累积时变图模型的复杂性分析方法对揭示网络特征的有效性。

本章内容安排如下。5.2 节首先总结传统时变图模型及空间信息网络时变特性。5.3 节研究了基于空间信息网络时间累积时变图模型的网络复杂性，以及基于复杂性的时间累积时变图生成。在 5.4 节介绍了本章提出的时间累积时变图及复杂性分析方法在空间信息网络资源配置中的应用。5.5 节通过仿真实验验证本章提出的方法在空间信息网络性能分析及资源配置中的有效性。5.6 节为本章总结。

5.2　空间信息网络高动态建模

5.2.1　时变图模型

空间信息网络是具有大时空尺度的高动态网络，针对这种动态特性，时变图模型（time varying graph，TVG）已经成为空间信息网络拓扑建模的主要工具 [151-152]。TVG 是针对卫星网络虚拟拓扑策略提出的。在虚拟拓扑策略中，卫星网络的动态过程被刻画建模为一系列随时间变化的静态拓扑，将每幅静态拓扑图称为“时隙”（snapshot 或 time slot）[153]，并使用 TVG 对各个静态拓扑结构进行建模。接下来，首先简要介绍 TVG 的定义 [154-155]。

定义 5.1 (时变图模型 TVG)　N 个节点构成的动态网络中，TVG 定义为

$$\mathcal{G} = (V, E, \mathcal{T}, \rho, \zeta) \tag{5-1}$$

其中，$V=\{v_i\}_{i=1}^{N}$ 表示节点集合，$E\subseteq V\times V$ 为 V 中节点之间的链路集合，时间跨度 $\mathcal{T}\subseteq\mathbb{T}$ 被称作网络的生命周期，时域 $\mathbb{T}$ 可被定义为 $\mathbb{N}^+$，用来表示空间信息网络通过时隙划分得到的离散时间。在式 (5-1) 中，$\rho\triangleq\rho(e,t):E\times\mathcal{T}\to\{0,1\}$ 定义为“存在函数”，表征链路 e 在时隙 t 的可用性或存在性；“延迟函数” $\zeta\triangleq\zeta(e,t):E\times\mathcal{T}\to\mathbb{T}$ 用来表示从时隙 t 开始，经过链路 e 所需的时间。此外，可以对式 (5-1) 所定义的 TVG 进行拓展，补充节点特性，即使用“节点存在函数” $\psi(v,t):V\times\mathcal{T}\to\{0,1\}$ 和“节点延迟函数” $\varphi(v,t):V\times\mathcal{T}\to\mathbb{T}$ 分别表示在时隙 t 节点 v 的存在性和传输信息在该节点停留或本地处理所需的时间。

基于定义 5.1 中建立的 TVG，这里使用 $\mathcal{S}_{\mathcal{T}}(\mathcal{G})=\{t_1,t_2,\cdots\}$ 表示时隙的有序序列。因此，空间信息网络的动态演化过程可以使用一系列静态拓扑图进行描述，即将 TVG $\mathcal{G}$ 具体表征为静态图序列 $\mathcal{S}_{\mathcal{G}}=\{G_1,G_2,\cdots\}$，其中，$G_m$（$m=1,2,\cdots$）为 $\mathcal{G}$ 在时隙 $t_m\in\mathcal{S}_{\mathcal{T}}(\mathcal{G})$ 的静态拓扑。

空间信息网络 TVG 连通性：在空间信息网络中，卫星节点的数量非常有限；同时，由于卫星之间的传输和链路建立受限于卫星所允许的有限接入数，因此，在单一时隙内，星间链路的数量同样有限。通过上述基于 TVG 的空间信息网络拓扑建模，$\mathcal{G}$ 在动态演化过程中将呈现出弱连通性，甚至在所有时隙均无法保证网络的连通性。此外，由于高动态性，这种单一时隙拓扑连接的刻画难以反映出大时空尺度空间信息网络在不同时间尺度下真实的空间特征，为大时空尺度动态网络的性能分析、优化带来局限性。

5.2.2　研究动机：空间信息网络高动态性分析

在空间信息网络中，卫星部署于不同的轨道高度和轨道类型。图 5.1 中两条曲线分别显示了两颗卫星在运动过程中的星下点轨迹，其中，蓝线所示卫星部署于 LEO，轨道高度位于 1000 km，绿线所示卫星部署于 MEO，轨道高度为 10 000 km，图中红线区域用以表示 GEO 卫星的可接入范围，表示当两颗 LEO 和 MEO 卫星运行至该区域时，则可以与 GEO 卫星建立星间链路。由图 5.1 可以看出，由于轨道高度不同，卫星的轨道周期、

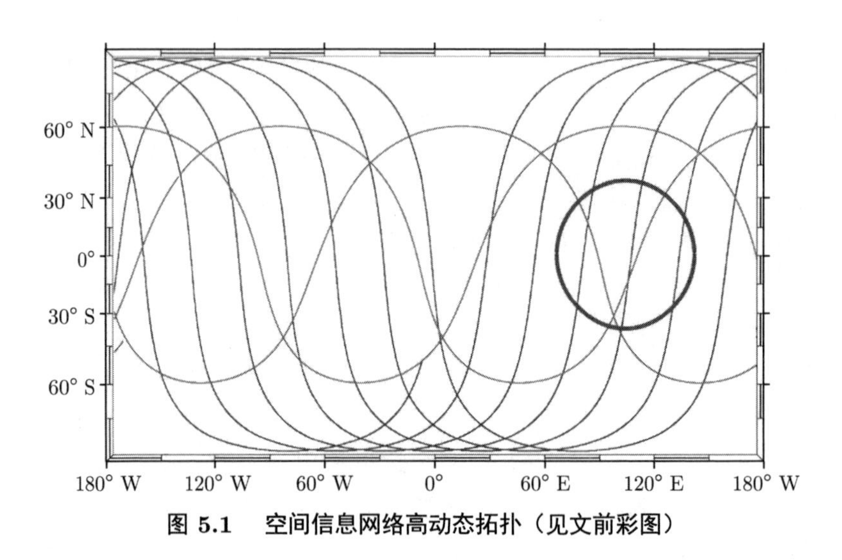

图 5.1　空间信息网络高动态拓扑（见文前彩图）

重访周期、运行速度都会产生显著差异，随着网络规模不断扩大，这种差异会给 TVG 中时隙粒度划分带来困难。

此外，随着空间信息网络不断发展，卫星节点不断增多，这些卫星的轨道高度、类型、传感器种类、功能、性能更加丰富，从而导致空间信息网络物理拓扑、逻辑拓扑变化更加复杂。这种情况下，复杂网络理论可以通过分析网络中的节点度分布、点介数等特征，指导网络资源管理与配置，实现网络性能的优化。然而，对于这种高动态场景下的空间信息网络复杂系统，单一时隙内的 TVG 拓扑将无法反映网络中卫星节点、传感器节点及其在面向不同任务需求中的真实关联。如图 5.1 所示，LEO、MEO 与 GEO 卫星之间均无法建立稳定连续的星间链路，卫星之间的连接呈现出如第 2 章所述的 ON/OFF 频繁通断特性。因此，单一时隙内卫星之间的连通状态不能真实反映在一个重访周期或者其他时间尺度内卫星之间的可连通性和连通规律。

针对传统 TVG 模型在高动态网络结构刻画及特性呈现方面的局限性，本章将在 5.3 节提出一种基于时间累积的时变图模型，并通过对这一模型应用复杂网络分析方法，实现对空间信息网络高动态下真实结构特征及复杂特征的挖掘。

5.3 基于时间累积时变图的空间信息网络复杂性分析

5.3.1 传统复杂特性分析

本节首先介绍传统复杂网络中主要参数的分析 [156]。

5.3.1.1 节点度与节点度分布

定义 5.2　图 $G=(V,E)$ 中包含 N 个节点，令 $N\times N$ 矩阵 $\boldsymbol{A}=\{a_{ij}\}$（$i,j=1,2,\cdots,N$）表示所有节点的连接矩阵，当边 $e_{ij}\in E$ 时，$a_{ij}=1$；当 $e_{ij}\notin E$ 时，$a_{ij}=0$。节点 i 度（node degree，connection）定义为

$$k_i=\sum_{j\in V}a_{ij} \tag{5-2}$$

度分布（degree distribution）$p(k)$ 定义为度 k 的概率分布。

节点度定义为网络中节点的连边数。在有向图中，节点 i 的度包含两个分量：出度（out-degree）和入度（in-degree），其中，出度 $k_i^{\text{out}}=\sum\limits_{j\in V}a_{ij}$ 表示离开节点 i 的边数，入度 $k_i^{\text{in}}=\sum\limits_{j\in V}a_{ji}$ 表示进入节点 i 的边数，节点度 $k_i=k_i^{\text{out}}+k_i^{\text{in}}$。在大多数实际网络中，节点度服从泊松分布或幂率分布，且当度分布为幂率分布时，网络具有无标度特性。

5.3.1.2 平均最短路径长度

定义 5.3　在图 $G=(V,E)$ 中，令 $\boldsymbol{D}=\{d_{ij}\}$ 表示距离矩阵，其中，d_{ij} 表示节点 i 与 j 之间的距离。则图 G 的平均最短路径长度（average shortest path length）定义为所有可达节点间最短路径长度的平均：

$$L=\frac{1}{N(N-1)}\sum_{i,j\in V,i\neq j}d_{ij} \tag{5-3}$$

网络的平均最短路径长度 L 是表征网络图内部结构的重要参数 [157-158]，例如，在空间信息网络中，当一颗卫星通过网络向另外一颗卫星传输数据包时，L 为最优路径选择提供参考。由式 (5-3) 定义可知，当网络不是全连通时，平均最短路径长度趋于无穷大。针对这一定义的

不收敛问题，一些研究提出了基于路径距离倒数的网络效能（efficiency）定义：

$$E=\frac{1}{N\left(N-1\right)}\sum_{i,j\in V,i\neq j}\frac{1}{d_{ij}} \tag{5-4}$$

E 可以用于衡量网络的通信能力。

5.3.1.3　介数中心性

定义 5.4　在图 $G=(V,E)$ 中，节点 i 的介数（betweenness）定义为所有经过该节点的最短路径数占网络中总最短路径数的比例，即

$$b_i=\frac{2}{\left(N-1\right)\left(N-2\right)}\sum_{i,j,l\in V,j\neq i\neq l}\frac{\sigma_{jl}\left(i\right)}{\sigma_{jl}} \tag{5-5}$$

其中，$\sigma_{jl}\left(i\right)$ 表示连接节点 j 和 l 的最短路径中通过节点 i 的路径数量，σ_{jl} 表示所有连接节点 j 和 l 的最短路径数。

网络中可达节点 j 和 l 之间的通信取决于构成两节点之间路径的节点，因此，介数是用来衡量节点中心性的重要参数和标准，可以用于衡量节点在网络中的重要性。与节点介数定义类似，可以定义网络的边介数为所有最短路径中经过该边的比例。边介数可以用于衡量连边在网络中的重要性。

5.3.1.4　群聚系数

定义 5.5　在图 $G=(V,E)$ 中，矩阵 $\boldsymbol{A}=\{a_{ij}\}$ 表示所有节点的连接矩阵，当 $e_{ij}\in E$ 时，$a_{ij}=1$；当 $e_{ij}\notin E$ 时，$a_{ij}=0$。则节点 i 的群聚系数（clustering coefficient）定义为

$$c_i=\frac{E_i}{k_i\left(k_i-1\right)/2}=\frac{\sum\limits_{j,l}a_{ij}a_{jl}a_{li}}{k_i\left(k_i-1\right)} \tag{5-6}$$

其中，k_i 为节点 i 的度，E_i 表示网络中所有可连通链路中经过节点 i 的链路数。基于式 (5-6)，网络的平均群聚系数定义为 $\bar{C}=(1/N)\sum\limits_{i=1}^{N}c_i$。

由定义 5.5 可知，节点 i 的群聚系数反映了该节点的可达节点 j 和 l 之间连接 $a_{jl}=1$ 的可能性，该参数可以用于衡量网络节点连接的紧密程度或集结程度。

由定义 5.2 ~ 定义 5.5 可以看出，传统复杂特性是对网络节点、边或整个网络统计特性的刻画。在空间信息网络中，由于卫星节点及星间链路数量较少，以及高动态网下单一时隙拓扑对网络性能揭示的局限性和片面性，传统复杂特性不适用于分析空间信息网络传统 TVG 模型。

5.3.2　空间信息网络时间累积时变图建模

如 5.3.1 节所述，由于基于 TVG 模型的空间信息网络拓扑呈现弱连通性，传统复杂特性分析难以有效应用于空间信息网络的特征挖掘；同时，由于网络的高动态性，单一时隙的拓扑无法反映空间信息网络中卫星节点或传感器节点的真实关联。针对这些问题，本节提出一种基于累积特性的时变图模型，即时间累积时变图（C-TVG）模型，用以刻画一定时间尺度内空间信息网络的时变拓扑结构，定义如下。

定义 5.6　对于时变图（TVG）$\mathcal{G}$ 以及静态图序列 $\mathcal{S}_{\mathcal{G}}$，时间累积时变图模型 C-TVG 定义为

$$G^{\rm c} = (V, E, m_0, T^{\rm c}) \tag{5-7}$$

其中，$m_0 = 1, 2, \cdots$，$t_{m_0} \in \mathcal{S}_{\mathcal{T}}(\mathcal{G})$ 表示累积起始时间，$T^{\rm c}$ 为累积时间长度，且满足 $[t_{m_0}, t_{m_0+T^{\rm c}}] \subseteq \mathcal{T}$。令 $\boldsymbol{A}_m$ 表示静态图 $G_m \in \mathcal{S}_{\mathcal{G}}$ 的连接矩阵，则式 (5-7) 所示 C-TVG 的时间累积连接矩阵为

$$\boldsymbol{A}^{\rm c} = \boldsymbol{A}_{t_0} \oplus \boldsymbol{A}_{t_0+1} \oplus \cdots \oplus \boldsymbol{A}_{t_0+T^{\rm c}-1} \tag{5-8}$$

其中，$\oplus$ 表示布尔和。

根据定义 5.6 中 C-TVG 及时间累积连接矩阵 $\boldsymbol{A}^{\rm c}$ 的定义，图 5.2 给出了当 $m_0 = 1$ 且 $T^{\rm c} = 2$ 时所建立的空间信息网络 C-TVG 模型，图中，a1 - g1、a2 - g2、a′ - g′ 分别表示在 t_1 时隙拓扑 G_1、t_2 时隙拓扑 G_2 以及时间累积时变图 $G^{\rm c}$ 中的相同节点。

5.3.3　基于 C-TVG 的空间信息网络复杂性分析

接下来讨论基于 C-TVG 模型的复杂性分析在高动态空间信息网络中应用的合理性和有效性。如图 5.2 所示，G_1 和 G_2 分别表示网络在 t_1 时

隙和 t_2 时隙的静态拓扑图，C-TVG G^c 表示对两个时隙进行累积构建的时间累积时变图。可以看到，拓扑图 G_1 和 G_2 的网络连通度较低，且均不能构成全连通网络，这种情况可以反映出空间信息网络中链路的实际连通状态。通过将两个时隙的拓扑进行时间累积，图 G^c 连通度得到提高，形成了全连通网络，有助于分析信息在网络中的有效传播，并反映出高动态网络在一定时间尺度内的连通状态。

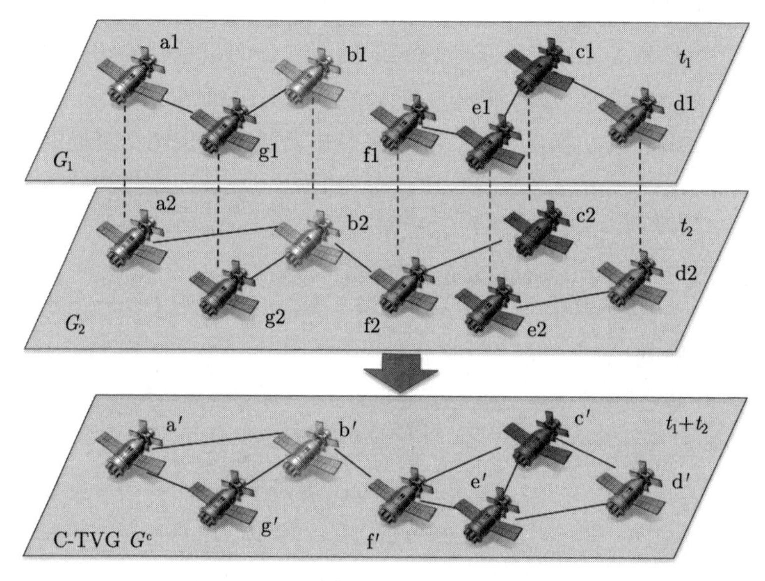

图 5.2 时间累积时变图 C-TVG 构建

根据 5.3.1 节中介绍的传统复杂网络分析参数，分别对传统时变图序列中的静态图 G_1 和 G_2 以及时间累积时变图 G^c 拓扑结构进行分析，计算得到的节点度、平均最短路径长度、点介数以及群聚系数见表 5.2。根据式 (5-2)，图 G_1 和 G_2 中各节点的度相对较小，通过时间累积，节点的“时间累积度”（time-cumulative degree）得到了提高。同时，由平均最短路径长度 L 以及不可达节点对的数量可以看出，两个时隙的拓扑均不是全连通图，根据式 (5-3)，L 无穷大；通过时间累计，图 G^c 中不再存在不可达节点对，构成全连接网络，$L = 2$。这种直观的结果对空间信息网络的连通性分析尤其重要。空间信息网络由于其高动态性，在单一时隙内两个卫星节点之间不存在链路、无法实现有效传输的状态是高动态变化的，通过时间累积的分析方法，可以有效预测网络在运行过程中一定时间尺度内的连通状态，从而实现网络传输任务的提前决策。接下来分析网络中关键节点特性。由式 (5-5) 定义可知，点介数能够反映节点在网络中的重要性。由图 5.2 可以看出，在由时隙 t_1 到时隙 t_2 的动态过程中，节点 f 是网络中的关键节点，可以实现节点集合 {a,b,g} 与 {c,d,e} 的连接。通过 C-TVG G^c，f 节点这一关键特性通过点介数呈现出来，即在所有卫星节点中，具有最大点介数值 0.6，而在单一时隙拓扑图中，最大介数节点分别为 b 和 {c, e}，不能挖掘出真正关键节点 f 的特征。此外，动态网络中其他特征，如群聚系数，也仅能通过 C-TVG 得以呈现出来。

表 5.2 复杂性分析

复杂性参数	k_i							L	不可达节点对
	a	b	c	d	e	f	g		
G_1	1	1	2	1	2	1	2	∞	20
G_2	1	3	1	1	1	2	1	∞	24
C-TVG	2	3	3	2	3	3	2	2	0
复杂性参数	b_i							最大 b_i 节点	$\bar{C}$
	a	b	c	d	e	f	g		
G_1	0	0.33	0	0	0	0.2	0	b	0
G_2	0	0	0.13	0	0.13	0	0.07	c/e	0
C-TVG	0	0.53	0.13	0	0.13	0.6	0	f	0.57

通过对上述两个时隙的时间累积时变图以及单一时隙拓扑的复杂性分析可以看出，通过时间累积的方式，一些单一时隙无法反映或错误呈现的高动态网络真实复杂特性被有效挖掘出来，证明了本节所提出的基于 C-TVG 的复杂性分析方法在空间信息网络等高动态网络中的适用性和合理性。

5.3.4 基于复杂特性的空间信息网络 C-TVG 生成

在空间信息网络星间通信的研究中，星间链路的建立主要依据卫星之间的距离、雷达覆盖范围以及卫星的通信能力等因素。当这些因素满足条件时，传输链路则可以建立。然而，通过这种链路建立准则，一些特殊卫星，如中继卫星，将会以大概率被大量卫星接入，从而导致传输拥塞。针对这一问题，本节提出一种针对空间信息网络的静态图和时间累积时变图拓扑生成算法。依据这一算法，在满足传输条件时，网络中具有传输需求的卫星节点会根据可接入卫星的时间累积度以概率方式选择接入节点：具有大时间累积度的卫星节点将被以更高的概率被接入。算法 7 表述了本节提出的面向空间信息网络的时间累积时变图生成算法。

算法 7 空间信息网络 T^{c}-时间累积时变图生成算法

初始化:

根据连接约束计算 t_0 时隙的网络拓扑；

随机删除星间链路，以满足卫星接入数量约束；

获取 t_0 时隙网络连接矩阵 $\boldsymbol{A}_0$；

$\boldsymbol{A}^{\mathrm{c}} = \boldsymbol{A}_0$；

由式 (5-2) 计算 $\boldsymbol{A}^{\mathrm{c}}$ 的时间累积度向量 $\boldsymbol{K}^{\mathrm{c}} = [k_1^{\mathrm{c}}, k_2^{\mathrm{c}}, \cdots, k_N^{\mathrm{c}}]$。

1: **for** $t \leqslant t_0 + T^{\mathrm{c}} - 1$ **do**

2: **for** 所有卫星节点 $i = 1, 2, \cdots, N$ **do**

3: 根据连接约束计算卫星 i 的可连接卫星集合 $R_i = \{s_1, s_2, \cdots, s_r\}$，其中，$s_n$（$n = 1, 2, \cdots, r$）为可连接卫星编号；

4: 卫星 i 与集合 R_i 中各颗卫星建立链路的概率：

$$p_{s_n}^{(i)} = \frac{k_{s_n}^{\mathrm{c}}}{\sum\limits_{s \in R_i} k_s^{\mathrm{c}}} \tag{5-9}$$

其中，$p_{s_n}^{(i)}$ 表示卫星 i 与卫星 s_n 建立链路的概率；

5: 获得 t 时隙网络连接矩阵 $\boldsymbol{A}_t$；

6: 根据式 (5-8) 计算时间累积连接矩阵 $\boldsymbol{A}^{\mathrm{c}} = \boldsymbol{A}_0 \oplus \boldsymbol{A}_t$；

7: 使用 $\boldsymbol{A}^{\mathrm{c}}$ 更新时间累积度向量 $\boldsymbol{K}^{\mathrm{c}} = [k_1^{\mathrm{c}}, k_2^{\mathrm{c}}, \cdots, k_N^{\mathrm{c}}]$。

8: **end for**

9: **end for**

输出:

时间累积连接矩阵 $\boldsymbol{A}^{\mathrm{c}}$。

5.4 基于 C-TVG 的复杂性分析在空间信息网络中的应用

本章提出的 C-TVG 以及基于 C-TVG 的复杂性分析可以用于空间信息网络的多个应用。

（1）容迟容断网络（Delay/Disruption Tolerant Network，DTN）：空间信息网络需要克服显著的传输延迟及频繁的链路通断，构成一类典型的 DTN 网络。改进提出的 C-TVG 模型，将 C-TVG 中的卫星扩展分解为在不同时隙静态拓扑中的节点，使用虚拟链路将不同时隙中的相同卫星连接起来，链路延迟特性使用时隙划分标准进行表征，从而将 T^{c} 时间累积时变图建模为 NT^{c} 个卫星节点的拓扑映射。如图 5.2 所示，卫星节点 a′ 是 a1、a2 的节点映射，a1、a2 节点之间的传输延迟可建模为 DTN 中的卫星本地存储处理时间，该延迟由时隙划分的长度决定。

（2）网络化传输通信：通过星间协作，空间信息网络可以提供实时全球全天候的数据传输。然而，星间链路状态的高动态变化会导致星间传输的频繁中断，无法实现连续可靠的通信质量。通过基于 C-TVG 的复杂性分析方法，如时间累积度分布、时间累计平均最短路径长度等，在不同时间尺度上对空间信息网络的连通性、延迟特性进行分析，能够更有效地为网络传输资源分配、传输延迟掌握和控制提供依据。

（3）网络安全：在 C-TVG 中，时间累积介数能够有效反映高动态网络中关键节点或关键链路的重要性，而通过对图 5.2 及表 5.2 的分析可以看出，单一时隙中节点和链路的重要性在高动态网络中无法在一定时间尺度内得以保持，使这种节点、链路的重要性在高动态网络的单一时隙拓扑中不能真实反映甚至错误反映出来，不利于网络资源的管理和性能优化。特别是在网络安全性增强或网络攻防场景中，如何选择卫星节点或星间链路进行重点维护或攻击摧毁，使对网络整体性能的增强或破坏效能最大化，必须使用基于时间累积的复杂性分析方法，对网络在一定运行周期内的特性进行全面挖掘和揭示。因此，在对空间信息网络的鲁棒性分析中，时间累积介数可以作为重要的衡量标准，通过选择时间累积介数大的卫星节点或星间链路进行维护或摧毁，可以在有限资源的情况下最大程度地提高或破坏网络的连通性。

5.5 仿真分析

5.5.1 参数设置

仿真部分对 5.3.4 节设计的空间信息网络时间累积时变图生成算法性能进行验证。场景考虑随机分布在 LEO、MEO 和 GEO 的 1210 颗卫星，具体轨道类型、轨道高度及轨道倾角设置见表 5.3。此外，这些卫星的升交点赤经随机取值于 $[0, 2\pi)$，轨道偏心率（orbital eccentricity）和近地点幅角（argument of perigee）分别设为 0.001 和 $\pi/2$。考虑 GEO 卫星主要部署在我国所属经度范围附近，因此 10 颗 GEO 卫星位置随机分布在赤道 75° E ~ 120° E。假设可达星间链路由星间可视性决定，主要受到地球遮挡效应的影响。通过算法 7，对建立的空间信息网络生成初始拓扑以及之后随时间累积得到的 C-TVG 拓扑结构。本章仿真使用 STK 9（Satellite Tool Kit 9）软件生成所需卫星轨道运行参数，并通过复杂网络分析工具 Pajek 以及 MATLAB 仿真软件对空间信息网络的时间累积复杂特性进行分析。

表 5.3 空间信息网络构成

卫星编号	轨道类型	轨道高度/km	轨道倾角
1~200	LEO 倾斜轨道	300 ~ 1000	30° ~ 75°
201~600	LEO 太阳同步轨道	300 ~ 1000	97.9°
601~800	LEO 太阳同步轨道	1000 ~ 2000	97.9°
801~1200	MEO 倾斜轨道	2000 ~ 15 000	30° ~ 75°
1201~1210	GEO	35 875	—

5.5.2 空间信息网络 C-TVG 复杂性

首先分析所构建的空间信息网络 C-TVG 模型在时间累积过程中累积复杂特性的演化。这里针对两种参数设置的场景进行仿真验证，其中，时隙划分长度 τ_0 分别为 10 min 和 30 min，分析时间长度分别设为 2 h 和 6 h。在两个场景中，时隙累积长度均设为 $M^c \in \{1,3,6,9,12\}$，对应两个场景下的时间累积长度分别为 $T^c \in \{0\ \text{h}, 0.5\ \text{h}, 1\ \text{h}, 1.5\ \text{h}, 2\ \text{h}\}$ 和 $T^c \in \{0\ \text{h}, 1.5\ \text{h}, 3\ \text{h}, 4.5\ \text{h}, 6\ \text{h}\}$，此外，$M^c = 1$ 表示累积时间长度为 1 个时隙，即没有进行时间累积处理。图 5.3（a）和图 5.3（b）分别显示在场景一和场景二中，网络中卫星节点时间累积度分布情况。仿真结果显示，在两个场景设置下，随着 T^c 增加，网络中少数节点具有的时间累积度逐渐增大，这些少数节点在网络传输中会以更大概率提供中继转发机会。同时，随着累积时间增长，网络中度为 0 的节点逐渐消除，体现了构建的空间信息网络在一定时间尺度下可以构成全连通网络，能够实现数据的全网传输。此外，由仿真结果可以看出，两个场景下时间累积节点度分布具有近乎相同的趋势，说明了时间累积长度 T^c 对拓扑累积的影响，而时隙划分长度、分析时间长度对网络的拓扑累积特性影响相对较小，因此，传统 TVG 中时隙划分标准难以确定的问题在 C-TVG 中得到了很好的解决和规避。

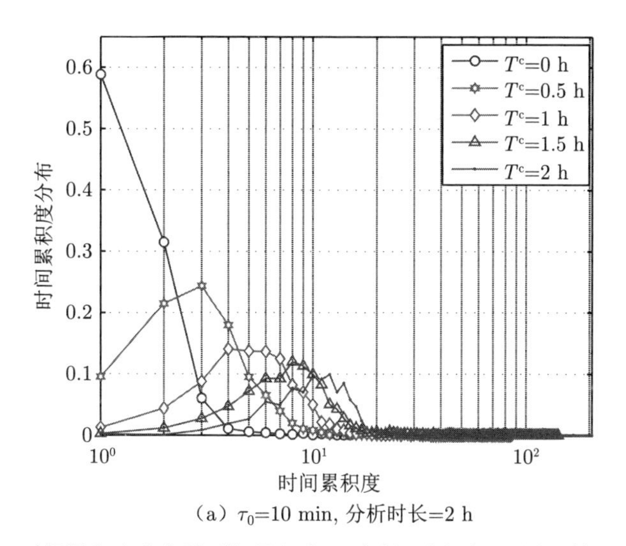

（a）τ_0=10 min, 分析时长=2 h

图 5.3 时间累积度分布随时间累积度、时隙划分长度、分析时间长度的变化

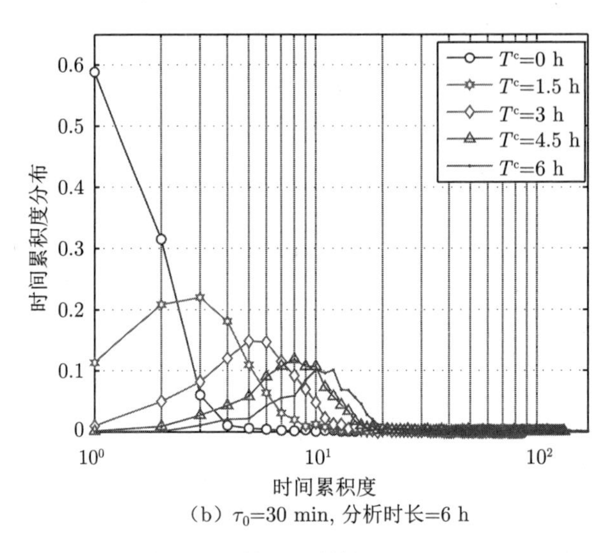

（b）τ_0=30 min, 分析时长=6 h

图 5.3（续）

图 5.4 给出了两个场景下生成的空间信息网络 C-TVG 的其他复杂特性，包括介数中心性、群聚系数以及距离分布，这里，距离是指节点间传输链路的跳数。将时隙累积数设为 $M^c = 12$，这样，当时隙划分长度 $\tau_0 = 10$ min 和 $\tau_0 = 30$ min 时，分析的时间长度分别为 2 h 和 6 h。如图 5.4（a）所示，网络中卫星的时间累积介数呈现出无标度特性（scale-free），这就是说，仅有少数卫星具有较大的时间累积介数，这些卫星在网络的连通及通信中起到最为关键的作用。图 5.4（b）和图 5.4（c）分别表示网络中各卫星节点的群聚系数和二邻群聚系数（通过大型复杂网络分析工具 Pajek 分析得到）。群聚系数仿真结果显示了在 C-TVG 中，卫星节点的平均群聚系数呈现出较小的值，这是由网络的非中心性和弱的群聚特性导致的。网络中距离分布如图 5.4（d）所示，这里，距离仍指跳数。距离分布显示，随着累积时间 T^c 增长，节点之间距离逐渐变小，这说明大的时间分析尺度能够提高所分析网络时间累积拓扑的连通性，然而，这种处理的代价是可能造成大的分析延迟。更详细的距离分布随不同累积时隙长度变化的仿真结果见表 5.4。针对两种场景，表 5.4 结果显示了随着时隙累积长度 M^c 增加，网络时间累积拓扑的连通性增强，与图 5.4（d）所示结果相同，这种网络拓扑累积可用于网络传输中对连通性和传输延迟的折中。

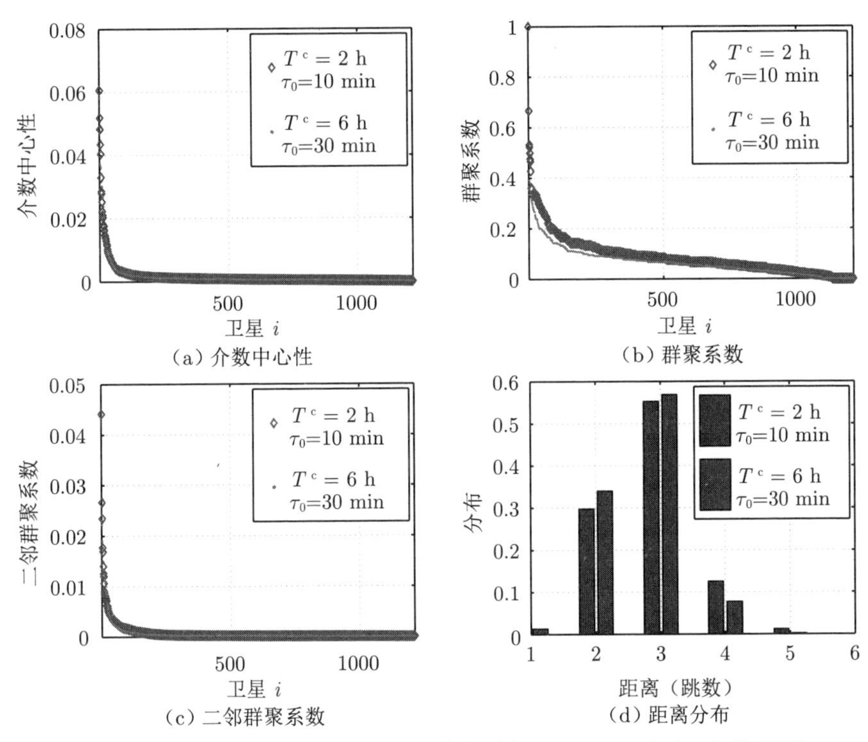

图 5.4 空间信息网络 C-TVG 复杂性分析（$M^c = 12$）（见文前彩图）

表 5.4 空间信息网络 C-TVG 卫星节点之间跳数分布

	τ_0 = 10 min，分析时长 = 2 h						
时隙累积长度 M^c	2	3	4	6	8	10	12
可达节点对平均最短跳数	7.779	5.619	4.581	3.743	3.295	3.017	2.828
可达节点对最大跳数	20	18	13	10	7	7	6
不可达节点对数量	246 334	76 230	9656	0	0	0	0
	τ_0 = 30 min，分析时长 = 6 h						
时隙累积长度 M^c	2	3	4	6	8	10	12
可达节点对平均最短跳数	7.288	5.254	4.272	3.495	3.115	2.883	2.715
可达节点对最大跳数	20	15	11	8	7	6	5
不可达节点对数量	191 492	9656	0	0	0	0	0

5.5.3 安全场景应用

最后，将本章提出的基于 C-TVG 的空间信息网络复杂性分析方法应用于网络攻防的安全场景中，对提出方法的有效性和合理性进行验证。在网络攻击场景中，由于攻击能力和资源是有限的，因此，需要考虑如何选择有限个网络节点进行攻击使其失效，能够最大程度破坏网络通信能力，从而有效降低攻击成本，提高攻击效果。接下来的仿真将针对已经生成的空间信息网络 C-TVG，选择其中一定数量 N_{att} 个卫星节点将其破坏删除，来实现最大程度的网络通信性能降低。由于时间累积介数能够揭示卫星在一定时间段内的重要程度，因此，以时间累积介数作为标准选择目标进行移除。考虑 C-TVG 生成中时隙长度 $\tau_0 = 10\ \text{min}$，分析时间长度 6 h。在分析时间长度内，随 $M^{\text{c}} \in \{1, 2, 4, 6, 8, 10, 12\}$ 增大，选择网络中 N_{att}（$N_{\text{att}} \in \{1\%N, 10\%N\}$, $N = 1210$）个具有最大时间累积介数的卫星节点将其删除，测试被攻击后对网络中可达卫星节点对的平均最短路径长度（跳数）及其分布，仿真结果分别如图 5.5、图 5.6 所示。仿真结果显示，随着累积时隙长度 M^{c} 增大，选择相应累积拓扑下最大介数的卫星节点进行删除后，节点间的平均最短路径长度增大，网络连通度逐渐降低。同时，以随机删除卫星节点后的平均最短路径长度作为对比，可以看出，在破坏相同节点数目的条件下，基于时间累积介数的节点选择策略能够更有效地破坏网络的连通性，这源自于两方面的因素：首先，通过对高动态的网络拓扑结构进行时间累积，可以将一定时间尺度内的网络特性有效挖掘出来，单一时隙或小的时间尺度内的网络拓扑对于揭示这种特性存在局限性；另一方面，介数是衡量网络中节点或链路重要性的复杂性指标，基于介数的卫星节点删除必然会对网络连通性造成最大程度的破坏。这一思想还可用于网络安全维护中，在资源有限的情况下，基于时间累积介数选择有限数量的卫星节点进行重点防御或维护，可以最大程度提升网络在抗摧毁能力上的鲁棒性。通过这一安全场景应用的仿真，验证了本章提出的基于 C-TVG 的复杂性分析方法在空间信息网络管理控制优化中的合理性和有效性。

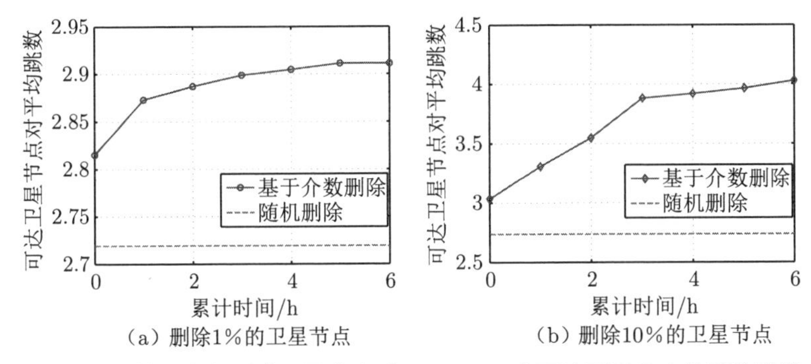

(a) 删除1%的卫星节点　(b) 删除10%的卫星节点

图 5.5　基于介数删除卫星节点后 C-TVG 中可达卫星节点的平均跳数

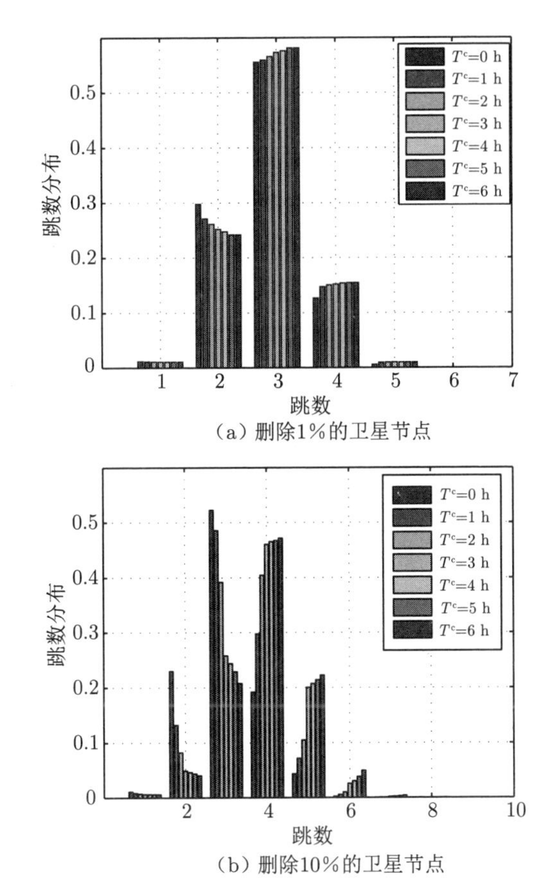

(a) 删除1%的卫星节点

(b) 删除10%的卫星节点

图 5.6　基于介数删除卫星节点后 C-TVG 中可达卫星节点的平均跳数分布（见文前彩图）

5.6 小　　结

目前，时变图模型已经成为空间信息网络动态性刻画的重要工具，基于该模型，网络路由、资源管理、接入控制等问题得到了有效的解决。然而，结构与功能日益复杂的空间信息网络为时变图的时隙划分带来困难。同时，网络的高动态性也导致了单一时隙静态拓扑无法有效刻画网络在变化过程中的真实结构特性。针对这些问题，本章提出了基于时间累积的网络高动态性建模和复杂性分析方法及理论，能够有效揭示出单一时隙无法呈现甚至错误呈现的网络结构特性，并初步探索了这些特性在网络性能优化中的应用。

首先，本章研究了空间信息网络的高动态建模问题，提出了时间累积时变图 C-TVG 模型，通过一定时间尺度的累积分析，将高动态且卫星数目有限的空间信息网络拓扑在时间维度上进行扩展，反映出网络在一定时间尺度内的连通状态，有助于揭示单一时隙或者小时间尺度无法呈现或者错误呈现的网络特征，同时，通过网络规模扩展，也为应用复杂网络理论中统计特征分析提供了可能。

其次，在构建的 C-TVG 模型基础上，本章创新性地将复杂网络理论引入空间信息网络的结构特征分析和资源优化管理中。通过对 C-TVG 的节点度、平均最短路径、介数中心性以及群聚系数等参数的分析，挖掘空间信息网络的连通性、节点重要性等特性。基于 C-TVG 模型和复杂网络分析方法，本章提出了面向空间信息网络的基于复杂理论的 C-TVG 生成算法，在各个时隙，设计了基于卫星时间累积节点度的星间链路建立概率模型，并通过将各个时隙建立的网络拓扑进行累积生成 C-TVG。仿真验证了本章提出的 C-TVG 生成算法及复杂性分析在空间信息网络中的合理性和有效性。将这一建模和分析方法应用到网络的攻防场景中，通过基于时间累积介数的攻击节点选择策略，可以有效实现对网络连通性的破坏。这一结果验证了本章提出的方法和理论能够通过将挖掘到的网络复杂特性用于网络资源管理，实现对网络性能的有效控制和优化。

综上所述，本章以空间信息网络为应用，通过对高动态建模与复杂性分析问题的研究，从时间尺度上挖掘了网络高动态特性对网络性能的影响作用机理，首次从时间累积的复杂性角度探索了空间信息网络高动态下的隐藏特征，并验证了基于这些特征的网络资源优化管理对网络运行性能的提升，为空间信息网络高动态性刻画、特征挖掘以及资源优化管理提供了全新的思路。基于这项研究提出的方法和理论，可以进一步探索空间信息网络累积时间尺度面向不同应用时对资源管理与配置以及网络特征挖掘的影响，即动态尺度界，为理解、掌控和优化不断发展的空间信息网络、发掘网络特征提供新的手段。此外，不仅限于空间网络，本章提出的这种新的“复杂网络累积时变相关协同理论与方法”可以应用于一类具有高动态特征的网络，实现资源控制优化。

第 6 章　结论与展望

6.1　主要结论和创新点

本书围绕空间信息网络中的资源动态优化配置问题展开研究，分别从空间信息网络的协作传输能力增强、业务特性自适应、安全传输与干扰控制以及网络高动态建模与复杂性分析出发，探索了网络稳定性、业务特性、干扰、高动态及复杂性与网络传输性能之间的作用关系，对星间传输中的中继卫星传输资源分配、星地回传过程中地面站的服务传输资源分配、星地 – 地面混合通信网络中卫星与地面站的波束成形机制与功率分配实现了优化，并对网络的高动态性结构进行建模，实现了对空间信息网络的复杂性挖掘。前三项研究从微观角度研究了空间信息网络空间段与地面段中存在的资源优化配置与管理机制，对网络传输时效性、吞吐量、安全性、传输质量等进行了优化；第四项研究则从宏观角度，重新审视空间信息网络的高动态特性及隐藏的复杂特性对网络性能的影响，进而为网络资源优化配置提供依据。本书通过以上四方面研究中的建模分析、理论推导以及仿真验证，得到以下主要结论：

（1）基于认知的多星协作传输资源动态配置：通过网络化的协作传输，能够提高空间信息网络数据回传的时效性和传输容量。本书基于 GEO 和 LEO 中继卫星的特点，提出了基于认知的传输资源分配机制 CCTA 和 CCBA，分别对它们的带宽资源和时隙资源进行分配。通过对多接入协作系统中的空闲状态进行感知，并将空闲的传输资源重新分配给具有传输需求的接入卫星，能够有效提高网络资源的利用率及系统的传输时效性和吞吐量。此外，为优化资源分配，实现网络传输性能最大化，本书推导得到了认知协作资源分配机制下的系统稳定域，以此作为优化目标得到了针对两种中继卫星的最优资源分配策略。仿真结果显示，与经典 SDP 协议相比，本书设计的 CCTA 协议得到的吞吐量、延迟性能提高了 10%，而应用 CCBA 协议，能够使吞吐量、延迟性能提高一倍，从而验证了通过应用提出的资源分配机制，能够实现高时效性网络数据的稳定传输。这项研究挖掘了高时效性传输与网络稳定性的相互制约关系，得到协作传输的稳定容量界，能够为未来空间信息网络高时效性数据稳定传输的实现与优化提供重要理论依据。

（2）基于多源业务特性预测的地面资源动态分配：针对空间信息网络中突发性多媒体业务数据的回传需求，本书研究了基于多源业务特性预测的地面站服务资源动态配置问题。为提高多接入卫星数据传输处理的时效性，本书对卫星业务数据的特性进行挖掘，预测业务数据未来到达流量。利用预测信息，设计了基于预服务机制和预测背压的 PBP 资源分配策略，对地面站的传输处理资源进行优化分配。设计这一策略的核心思想是根据预测信息，对网络中可能造成积压的卫星数据缓存队列预先分配更多的传输处理资源，通过这种方式实现网络资源配置与业务特性相协调，提高多接入系统数据传输处理的效率。仿真结果验证了与无业务协调的资源分配策略相比，本书提出的 PBP 资源分配策略能够使卫星缓存队列长度降低 10% 以上，大约 72% 的数据包通过预服务机制实现了无等待传输，比例提高 11%。这项研究证明，通过挖掘网络资源与业务特性的动态协调机理，能够实现网络资源的随需、高效分配，进而提高空间信息网络多业务数据协同传输的服务质量。

（3）基于协作波束成形的星地混合网络安全传输：星地通信与传统地面通信网络存在共信道干扰问题，为实现干扰控制，并保证星地通信的安全性，本书提出了基于地面 BS 协作的安全传输机制 CoSTB，对卫星与地面基站的波束成形向量及卫星 AN 信号进行协同优化，在降低网络中合法接收的共信道干扰的同时，降低窃听节点接收的 SINR。此外，为求解波束成形非凸优化问题，本书设计了基于路径追踪的 ICPSO 优化算法，将原非凸优化问题转化为一系列凸二次规划问题，从而提高最优解的搜索性能。仿真结果验证了与非协作的 NCoSTB 机制相比，基于地面 BS 协作的 CoSTB 机制能够使被窃听 FSS 终端的安全传输速率提高 50% 以上；与传统 CPSO 算法相比，本书设计的 ICPSO 算法能够使收敛速度提高一倍。这项研究挖掘了协同干扰控制与安全可靠传输的相互作用机理，探索了共信道干扰对可靠传输的最大增强作用，即干扰协同界，将干扰这一不利因素转化用于提升星地传输安全性，有助于实现天地一体化网络的安全通信、干扰规避以及协作共存。

（4）高动态网络时间累积复杂性及其在资源配置的应用：为揭示空间信息网络高动态下单一时隙无法呈现或错误呈现的网络特征，本书提出了时间累积时变图模型 C-TVG，并首次将复杂网络理论应用到空间信息网络的特征挖掘中。分析结果显示，随着累积时间尺度增加，高动态空间信息网络中的卫星节点重要性、网络连通性等特征被揭示出来，而这些特征在单一时隙静态拓扑中是无法有效呈现的。基于复杂理论，本书提出了基于节点度的星间链路建立准则，并基于此设计了空间信息网络 C-TVG 生成算法。仿真结果验证了本书提出的基于时间累积的复杂性分析在空间信息网络中的合理性和有效性，将挖掘到的网络复杂特性应用到网络安全攻防场景的资源配置管理中，能够有效提高对系统的攻击（防御）能力。这项研究对高动态性与网络特征之间的影响进行了初探，挖掘了网络高动态特性对网络性能的影响作用机理，首次从复杂性角度探索了空间信息网络高动态下的特征，并验证了基于这些特征的网络资源优化管理对网络运行性能的提升，为空间信息网络高动态性刻画、特征挖掘以及资源优化管理提供了全新的思路。

6.2 研究展望

作为重要的科学前沿与战略制高点，空间信息网络在提升全球乃至深空态势感知能力、实现互联信息的全球覆盖与高速传输中具有至关重要的作用，已经成为世界各国普遍重视并大力发展的空间建设新方向。在新时期，我国提出了一系列建立“航天强国、网络强国”的战略决策，必将推动我国空间信息网络理论研究、技术革新、设施建设的不断发展。本书在空间信息网络动态协作的资源配置方面开展了一些研究工作，以实现并优化空间信息网络“全球覆盖、随遇接入、按需服务、安全可信”[9] 的能力为目标，探讨了基于认知的多星协作传输资源动态配置、基于多源业务特性预测的地面资源动态分配、基于协作波束成形的星地混合网络安全传输、高动态网络时间累积复杂性及其在资源配置的应用四个方面的研究。依据本书的研究经验，结合空间信息网络的发展趋势，对未来空间信息网络基础理论与关键技术研究方向和热点问题提出如下展望。

（1）智能化自主化网络资源配置聚合重构：随着空间建设不断发展，面向不同业务需求的卫星等航天器轨道、星载设备功能和性能将呈现更大的差异，随着网络规模扩大，网络资源管理控制必将愈加复杂。如何高效管理高动态异构的网络资源，实现面向服务的资源优化配置，对网络自主化、智能化管理提出更迫切的需求 [159-160]。本书研究了在星间协作、星地传输、星地 – 地面通信网络融合中的资源优化问题，为大规模空间信息网络的资源自主管理和优化提供了解决思路。以本书研究为基础，引入人工智能与机器学习，将对多中继卫星场景下的资源协作优化提供有力手段，并可用于提升数据回传中地面站的随需适应能力，以及星地 – 地面混合通信网络中大规模天线波束成形优化。通过研究基于机器学习的大规模异构网资源优化配置，将有助于降低网络复杂性带来的管理困难和开销，并可适应网络规模与功能拓展。

（2）基于结构化信息的网络管理控制优化：空间信息网络为获取大时空尺度、动态演化的空间信息提供了有力的手段，其获取数据的时空关联特性必将影响这些数据在应用中的处理效果。以气象应用中台风监测为例，不同卫星获取的目标台风数据在时空频的匹配程度将影响数据处理后对台风强度、路径等变化趋势预测的准确度 [161]。从应用出发，研究构建能够提升融合处理效果的数据时空结构化特征，即数据的时空协调界，基于本书的研究基础，将数据的结构化需求作为星间协作、星地回传的约束和目标，对网络资源进行优化调度及任务规划，将有助于网络获取高质量的有效探测数据。

（3）基于结构化信息的网络管理控制优化：第六代移动通信（6G）网络将在 5G 网络基础上集成遥感卫星、通信卫星以及导航卫星等，构成全球覆盖的综合通信网络 [162]，真正实现万物互联的大数据高速传输。然而，6G 网络中的干扰和安全问题也将更加严重。基于本书在星地 – 地面混合通信网络资源配置方面的成果，可进一步研究将波束成形技术与灵活高效的频谱资源管理技术相结合，实现 5G 网络与卫星网络融合的干扰控制与安全性增强。

6.3 心得体会

转眼间，我已在清华园度过了七个春秋。七年前，同样是在园子里丁香花最绚烂的四月，我怀揣着对科研、学术的憧憬，在硕士研究生录取结果公布后就兴奋地加入到我的导师任勇教授的实验室，在任老师的指导下，开始了紧张充实的项目课题和学术研究。七年来，任老师严谨的治学态度、开阔的视野和思维、对科学前沿敏锐的洞察力以及勤勉的科研作风都深深影响了我，带领、引导我在科研和学术的道路上不断思考和前行。

在科研上，任老师不断指引我参与项目从调研、立项、实施、结题的整个过程，对我的能力培养起到了无可替代的作用。在硕士第二年，我开始参与空间信息网络的调研和立项工作。项目的调研和立项阶段能够极大程度锻炼对即将开展课题的前沿、背景、需求全面充分掌握和了解的能力，以及挖掘关键问题、科学问题、归纳总结研究内容的能力。2012 年，我国空间信息网络研究尚处于起步和论证阶段，课题需求、关键问题、研究内容等均没有明确的指导，这些都对调研和立项工作带来困难。充分全面调研国内外空间设施现状，对比国内外发展差距；从各领域的需求出发，探讨我国空间基础设施建设中存在的不足；针对这些不足，进一步总结和归纳空间信息网络理论和技术研究的关键问题，并最终确定研究内容。调研和立项整个过程是对课题领域知识储备、思想认识的一次充实和提升。2013 年，国家自然科学基金委正式启动“空间信息网络基础理论与关键技术重大研究计划”。得益于调研立项阶段的扎实工作以及实验室多年研究积累，我们成功申请到该重大研究计划第一批重点研究项目“空间信息网络体系架构及其在气象灾害研究中的应用”，并于 2014 年初正式开始实施，我也于同年完成了硕士阶段的学业，开始继续攻读博士学位。2014—2017 年项目实施的三年也是我攻读博士学位重要的三年，寻找实验室项目科研与个人的学术研究的契合点，使科研与学术工作相互补充、相互促进，是实验室项目进展和个人能力培养的关键，也是将学术研究面向于国家重大需求、提高研究成果理论价值与应用价值的关键。2018 年初，项目结题，这是对过去三年研究成果总结、提炼和定位的重要环节。从项目的研究内容中，提炼其中的科学问题，这是从项目立项开始，贯穿了项目实施到结题整个过程的一项重要工作。对科学问题提炼的一次次改进，是对课题研究及问题解决更深刻理解的过程，也是对学术研究成果和意义更加准确定位和升华的过程。在过去的七年中，通过深入参与一个个项目从调研到结题各个阶段的工作，我在科研、跨领域学习、团队合作沟通等方面的能力得到了充分锻炼。

在学术上，我的博士课题从选题、开题，到研究过程，直至博士论文的修改和定稿，任老师为我每一阶段的工作严格把关、耐心指导。难忘在我每一次报告准备过程中，任老师对背景需求阐述、关键问题与科学问题提炼、研究内容精准描述甚至成果总结及展示方式提出一次次修改意见，使报告质量不断提高，促使我重新审视并更深层次理解研究内容和成果，同时培养了我严谨细致对待学术、科研中每一环节、每一细节的习惯。在任老师的培养下，我也深刻认识到学术研究和科研工作是相辅相成的，科研项目从调研至结题过程中积累的各种经验对学术研究从选题到成果总结同样具有重要意义。此外，不论是参与科研工作还是学术研究，始终坚持积极的学习和思考，对掌握相关领域国际前沿理论和技术、提高理论创新及方法创新能力、提升科研能力和学术水平都起到至关重要的作用。

“恒审思量、不可断灭”，这是十年前本科旁听《信号与系统》课程时任老师对我们的教诲。七年来在清华攻读硕士、博士学位的宝贵经历，更加让我深刻体会到这句话背后隐含的学术与科研所需要的坚持和执着。这句话一直并将继续引导我在学术、科研上不断进取，不敢懈怠。

参 考 文 献

[1] Concerned Scientists U. UCS Satellite Database. [Online]: https://www.ucsusa.org/nuclear-weapons/space-weapons/satellite-database#. WsQNE-dRuYdV. Last revised date: 2017.11.7.

[2] 何慧东, 付郁. 2017 年全球小卫星发展回顾 [J]. 国际太空, 2018(2):51–56.

[3] MCLAIN C, KING J. Future Ku-band mobility satellites[C]//Proceedings of Aiaa International Communications Satellite Systems Conference, 2017.

[4] 李德仁, 沈欣, 龚健雅, 等. 论我国空间信息网络的构建 [J]. 武汉大学学报 (信息科学版), 2015, 40(6):711–715.

[5] 国家自然科学基金委员会. 空间信息网络基础理论与关键技术重大研究计划 2017 年度项目指南. http://www.nsfc.gov.cn/publish/portal0/zdyjjh/info68778.htm. 日期: 2017.6.13.

[6] 张军. 面向未来的空天地一体化网络技术 [J]. 国际航空, 2008, (9):34–37.

[7] BHASIN K, HAYDEN J L. Space Internet architectures and technologies for NASA enterprises[J]. International Journal of Satellite Communications, 2002, 20(5):311–332.

[8] 国家自然科学基金委员会. 空间信息网络基础理论与关键技术重大研究计划 2013 年度项目指南. http://www.nsfc.gov.cn/nsfc/cen/yjjhnew/2013/20130805_08.htm. 2013.

[9] 吴砚锋, 童业平. 国际空间信息网络发展计划对我国的启示 [J]. 移动通信, 2017, 41(12):38–43.

[10] SHEU J P, KAO C C, YANG S R, et al. A resource allocation scheme for scalable video multicast in WiMAX relay networks[J]. IEEE Transactions on Mobile Computing, 2013, 12(1):90–104.

[11] ZAFAR A, SHAQFEH M, ALOUINI M, et al. Resource allocation for two source-destination pairs sharing a single relay with a buffer[J]. IEEE Transactions on Communications, 2014, 62(5):1444–1457.

[12] AFOLABI R O, DADLANI A, KIM K. Multicast scheduling and resource allocation algorithms for OFDMA-based systems: A survey[J]. IEEE Communications Surveys & Tutorials, 2013, 15(1):240–254.

[13] KANDEEPAN S, GOMEZ K, REYNAUD L, et al. Aerial-terrestrial communications: terrestrial cooperation and energy-efficient transmissions to aerial base stations[J]. IEEE Transactions on Aerospace and Electronic Systems, 2014, 50(4):2715–2735.

[14] MOROSI S, JAYOUSI S, DEL RE E. Cooperative strategies of integrated satellite/terrestrial systems for emergencies[C]//Proceedings of Personal Satellite Services. Springer, 2010: 409–424.

[15] MOROSI S, DEL RE E, JAYOUSI S, et al. Hybrid satellite/terrestrial cooperative relaying strategies for DVB-SH based communication systems[C]//Proceedings of European Wireless Conference. IEEE, Aalborg, 2009. 240–244.

[16] PORTILLO I, BOU E, ALARCON E, et al. On scalability of Fractionated Satellite Network architectures[C]//Proceedings of IEEE Aerospace Conference. Big Sky, MT, 2015. 1–13.

[17] SHARMA S K, CHRISTOPOULOS D, CHATZINOTAS S, et al. New generation cooperative and cognitive dual satellite systems: Performance evaluation[C]//Proceedings of 32nd AIAA International Communications Satellite Systems Conference. San Diego, California, 2014.

[18] SVIGELJ A, MOHORCIC M, KANDUS G. Oscillation suppression for traffic class dependent routing in ISL network[J]. IEEE Transactions on Aerospace and Electronic Systems, 2007, 43(1):187–196.

[19] MOHORCIC M, SVIGELJ A, KANDUS G. Traffic class dependent routing in ISL networks[J]. IEEE Transactions on Aerospace and Electronic Systems, 2004, 40(4):1160–1172.

[20] DU J, JIANG C, QIAN Y, et al. Resource allocation with video traffic prediction in cloud-based space systems[J]. IEEE Transactions on Multimedia, 2016, 18(5):820–830.

[21] WANG J, JIANG C, ZHANG H, et al. Aggressive congestion control mechanism for space systems[J]. IEEE Aerospace and Electronic Systems Magazine, 2016, 31(3):28–33.

[22] JIANG C, WANG X, WANG J, et al. Security in space information networks[J]. IEEE Communications Magazine, 2015, 53(8):82–88.

[23] BLASCH E, PHAM K, CHEN G, et al. Distributed QoS awareness in satellite communication network with optimal routing (QuA-SOR)[C]//Proceedings of 33rd AIAA Digital Avionics Systems Conference (DASC'14). IEEE, Colorado Springs, CO, 2014. 6C3–1–6C3–11.

[24] DU J, JIANG C, WANG X, et al. Detection and transmission resource configuration for Space-based Information Network[C]//Proceedings of IEEE Global Conference on Signal and Information Processing (GlobalSIP'14). Atlanta, GA, 2014. 1102–1106.

[25] 张鹏, 冯旭祥, 葛小青. 基于改进遗传算法的多天线地面站硬件资源分配方法 [J]. 计算机工程与科学, 2017, 39(6):1155–1163.

[26] ZHANG Y, ZHANG Y, SUN S, et al. Multihop packet delay bound violation modeling for resource allocation in video streaming over mesh networks[J]. IEEE Transactions on Multimedia, 2010, 12(8):886–900.

[27] MASTRONARDE N H, SCHAAR M. A bargaining theoretic approach to quality-fair system resource allocation for multiple decoding tasks[J]. IEEE Transactions on Circuits and Systems for Video Technology, 2008, 18(4):453–466.

[28] SAKI H, SHIKH-BAHAEI M. Cross-layer resource allocation for video streaming over OFDMA cognitive radio networks[J]. IEEE Transactions on Multimedia, 2015, 17(3):333–345.

[29] CICALO S, TRALLI V. Distortion-fair cross-layer resource allocation for scalable video transmission in OFDMA wireless networks[J]. IEEE Transactions on Multimedia, 2014, 16(3):848–863.

[30] ARGYRIOU A, KOSMANOS D, TASSIULAS L. Joint time-domain resource partitioning, rate allocation, and video quality adaptation in heterogeneous cellular networks[J]. IEEE Transactions on Multimedia, 2015, 17(5):736–745.

[31] JIANG C, CHEN Y, YANG Y, et al. Dynamic Chinese Restaurant game: theory and application to cognitive radio networks[J]. IEEE Transaction on Wireless Communications, 2014, 13(4):1960–1973.

[32] JIANG C, CHEN Y, LIU K J R. Data-driven route selection and throughput analysis in cognitive vehicular networks[J]. IEEE Journal on Selected Areas in Communications, 2014, 32(11):2149–2162.

[33] JIANG C, CHEN Y, GAO Y, et al. Joint spectrum sensing and access evolutionary game in cognitive radio networks[J]. IEEE Transaction on Wireless Communications, 2013, 12(5):2470–2483.

[34] JIANG C, CHEN Y, LIU K J R. Multi-channel sensing and access game: bayesian social learning with negative network externality[J]. IEEE Transaction on Wireless Communications, 2014, 13(4):2176–2188.

[35] HUANG L, ZHANG S, CHEN M, et al. When backpressure meets predictive scheduling[C]//Proceedings of 15th ACM international symposium on Mobile ad hoc networking and computing. ACM, Philadelphia, USA, 2014. 33–42.

[36] YOO S J. Efficient traffic prediction scheme for real-time VBR MPEG video transmission over high-speed networks[J]. IEEE Transactions on Broadcasting, 2002, 48(1):10–18.

[37] KHOLAIF A M, TODD T D, KOUTSAKIS P, et al. Energy efficient H. 263 video transmission in power saving wireless LAN infrastructure[J]. IEEE Transactions on Multimedia, 2010, 12(2):142–153.

[38] WU M, JOYCE R, WONG H S, et al. Dynamic resource allocation via video content and short-term traffic statistics[J]. IEEE Transactions on Multimedia, 2001, 3(2):186–199.

[39] KANG S H, ZAKHOR A. Effective bandwidth based scheduling for streaming media[J]. IEEE Transactions on Multimedia, 2005, 7(6):1139–1148.

[40] KRUNZ M M, RAMASAMY A M. The correlation structure for a class of scene-based video models and its impact on the dimensioning of video buffers[J]. IEEE Transactions on Multimedia, 2000, 2(1):27–36.

[41] KUANG L, CHEN X, JIANG C, et al. Radio resource management in future terrestrial-satellite communication networks[J]. IEEE Wireless Communications, 2017, 24(5):81–87.

[42] KUMAR R, MARGOLIES R, JANA R, et al. WiLiTV: Reducing live satellite TV costs using wireless relays[J]. IEEE Journal on Selected Areas in Communications, 2018, PP(99):1.

[43] LEE J, TEJEDOR E, RANTA-AHO K, et al. Spectrum for 5G: Global status, challenges, and enabling technologies[J]. IEEE Communications Magazine, 2018, 56(3):12–18.

[44] 王坦，何天琦，潘祯，等. 26 GHz 频段 IMT-2020 (5G) 系统与卫星间业务频率共用分析方法研究 [J]. 电波科学学报, 2017, 32(5):536–544.

[45] FCC. Use of spectrum bands above 24 GHz for mobile radio services[R]. Federal Communications Commission (FCC), 2016.7.14.

[46] ERC/DEC/(00)07. The shared use of the band 17.7-19.7 GHz by the fixed service and earth stations of the fixed-satellite service (space-to-

Earth)[C]//Proceedings of ECC Report 241. Electronic Commun. Committee, Copenhagen, Denmark, 2016.

[47] NIEPHAUS C, KRETSCHMER M, GHINEA G. QoS provisioning in converged satellite and terrestrial networks: A survey of the state-of-the-art[J]. IEEE Communications Surveys & Tutorials, 2016, 18(4):2415–2441.

[48] JIANG C, CHEN Y, GAO Y, et al. Joint spectrum sensing and access evolutionary game in cognitive radio networks[J]. IEEE Transactions on Wireless Communications, 2013, 12(5):2470–2483.

[49] JIANG C, CHEN Y, LIU K J R, et al. Renewal-theoretical dynamic spectrum access in cognitive radio network with unknown primary behavior[J]. IEEE Journal on Selected Areas in Communications, 2013, 31(3):406–416.

[50] SHI S, LI G, AN K, et al. Optimal power control for real-time applications in cognitive satellite terrestrial networks[J]. IEEE Communications Letter, 2017, 21(8):1815–1818.

[51] AN K, LIN M, LIANG T, et al. Performance analysis of multi-antenna hybrid satellite-terrestrial relay networks in the presence of interference[J]. IEEE Transactions on Communications, 2015, 63(11):4390–4404.

[52] JIANG C, ZHU X, KUANG L, et al. Multimedia multicast beamforming in integrated terrestrial-satellite networks[C]//Proceedings of 13th International Wireless Communications and Mobile Computing Conference (IWCMC'17). Valencia, Spain, 2017. 340–345.

[53] LEI J, HAN Z, VAZQUEZ-Castro M Á, et al. Secure satellite communication systems design with individual secrecy rate constraints[J]. IEEE Transactions on Information Forensics and Security, 2011, 6(3):661–671.

[54] AN K, LIN M, OUYANG J, et al. Secure transmission in cognitive satellite terrestrial networks[J]. IEEE Journal on Selected Areas in Communications, 2016, 34(11):3025–3037.

[55] DONG L, HAN Z, PETROPULU A P, et al. Improving wireless physical layer security via cooperating relays[J]. IEEE Transactions on Signal Processing, 2010, 58(3):1875–1888.

[56] HUANG Y, AL-QAHTANI F S, DUONG T Q, et al. Secure transmission in MIMO wiretap channels using general-order transmit antenna selection with outdated CSI[J]. IEEE Transactions on Communications, 2015, 63(8):2959–2971.

[57] WYNER A D. The wire-tap channel[J]. Bell Labs Technical Journal, 1975, 54(8):1355–1387.

[58] LIANG Y, POOR H V, SHAMAI S. Secure communication over fading channels[J]. IEEE Transactions on Information Theory, 2008, 54(6):2470–2492.

[59] XING H, WONG K K, NALLANATHAN A, et al. Wireless powered cooperative jamming for secrecy multi-AF relaying networks[J]. IEEE Transactions on Wireless Communications, 2016, 15(12):7971–7984.

[60] HUANG Y, WANG J, ZHONG C, et al. Secure transmission in cooperative relaying networks with multiple antennas[J]. IEEE Transactions on Wireless Communications, 2016, 15(10):6843–6856.

[61] FANG H, XU L, WANG X. Coordinated multiple-relays based physical-layer security improvement: A single-leader multiple-followers stackelberg game scheme[J]. IEEE Transactions on Information Forensics and Security, 2018, 13(1):197–209.

[62] WANG W, TEH K C, LI K H, et al. On the impact of adaptive eavesdroppers in multi-antenna cellular networks[J]. IEEE Transactions on Information Forensics and Security, 2018, 13(2):269–279.

[63] HAN Z, MARINA N, DEBBAH M, et al. Physical layer security game: interaction between source, eavesdropper, and friendly jammer[J]. EURASIP Journal on Wireless Communications and Networking, 2010, 2009(452907):1–10.

[64] YU N, WANG Z, HUANG H, et al. Minimal energy broadcast for delay-bounded applications in satellite networks[J]. IEEE Transactions on Green Communications and Networking, 2018, PP(99):1.

[65] SHE Y, LI S, ZHAO Y. Onboard mission planning for agile satellite using modified mixed-integer linear programming[J]. Aerospace Science & Technology, 2018, 72:204–216.

[66] DHAOU R, FRANCK L, HALCHIN A, et al. Gateway selection optimization in hybrid MANET-satellite network[C]//Proceedings of Wireless and Satellite Systems. Springer, 2015: 331–344.

[67] KANDHALU A, RAJKUMAR R. QoS-based resource allocation for next-generation spacecraft networks[C]//Proceedings of IEEE 33rd Real-Time Systems Symposium (RTSS'12). San Juan, PR, 2012:163–172.

[68] FDHILA R, HAMDANI T M, ALIMI A M. A multi-objective particles swarm optimization algorithm for solving the routing pico-satellites problem[C]//Proceedings of IEEE International Conference on Systems, Man, and Cybernetics (SMC'12). Seoul, Korea, 2012:1402–1407.

[69] CHAARI A, FDHILA R, NEJI B, et al. PSO based data routing in a networked distributed Pico-satellites system[C]//Proceedings of IEEE First AESS European Conference on Satellite Telecommunications (ESTEL'12). Rome, 2012:1–5.

[70] WATTS D J, STROGATZ S H. Collective dynamics of small-world networks[J]. Nature, 1998, 393(6684):440–442.

[71] BARABÁSI A L, ALBERT R. Emergence of scaling in random networks[J]. Science, 1999, 286(5439):509–512.

[72] CUNHA F D, CARNEIRO VIANNA A, MINI R, et al. Is it possible to find social properties in vehicular networks?[C]//Proceedings of IEEE Symposium on Computers and Communication (ISCC'14). Funchal, 2014: 1–6.

[73] MARZA V, JADIDINEJAD A. A novel caching strategy in video-on-demand (VoD) peer-to-peer (P2P) networks based on complex network theory[J]. Journal of Advances in Computer Research, 2018, 9(1):17–27.

[74] BHASIN K, HAYDEN J L. Space internet architectures and technologies for NASA enterprises[C]//Proceedings of Aerospace Conference, IEEE, 2001: 2–931.

[75] WALKER T, TUMMALA M, MCEACHEN J. A system of systems study of space-based networks utilizing picosatellite formations[C]//Proceedings of 2010 5th International Conference on System of Systems Engineering (SoSE). IEEE, Loughborough, 2010:1–6.

[76] FRIEDRICHS B. Data processing for broadband relay satellite networks–digital architecture and performance evaluation[C]//Proceedings of International Communications Satellite Systems Conferences (ICSSC). Florence, Italy, 2013.

[77] CALVO R M, BECKER P, GIGGENBACH D, et al. Transmitter diversity verification on ARTEMIS geostationary satellite[C]//Proceedings of SPIE Proceeding. International Society for Optics and Photonics, 2014:897104.1–897104.14.

[78] FRIEDRICHS B, WERTZ P. Error-control coding and packet processing for broadband relay satellite networks with optical and microwave links[C]//Proceedings of 6th Advanced Satellite Multimedia Systems Conference (ASMS'12) and 12th Signal Processing for Space Communications Workshop (SPSC'12). IEEE, Baiona, 2012:101–110.

[79] LIN P, KUANG L, CHEN X, et al. Adaptive subsequence adjustment with evolutionary asymmetric path-relinking for TDRSS scheduling[J]. Journal of Systems Engineering and Electronics, 2014, 25(5):800–810.

[80] EDWARDS B L, ISRAEL D J. A geosynchronous orbit optical communications relay architecture[C]//Proceedings of Aerospace Conference, IEEE. Big Sky, MT, 2014:1–7.

[81] SZPANKOWSKI W. Stability conditions for some distributed systems: Buffered random access systems[J]. Advances in Applied Probability, 1994, 26(2):498–515.

[82] CELIK G D, MODIANO E. Scheduling in networks with time-varying channels and reconfiguration delay[C]//Proceedings of IEEE International Conference on Computer Communications (INFOCOM'12). IEEE, Orlando, FL, 2012:990–998.

[83] LOYNES R. The stability of a queue with non-independent inter-arrival and service times[C]//Proceedings of Mathematical Proceedings of the Cambridge Philosophical Society. Cambridge Univ Press, 1962:497–520.

[84] WALKER J G. Satellite constellations[J]. Journal of the British Interplanetary Society, 1984, 37:559–572.

[85] SADEK A K, LIU K R, EPHREMIDES A. Cognitive multiple access via cooperation: protocol design and performance analysis[J]. IEEE Transactions on Information Theory, 2007, 53(10):3677–3696.

[86] EL-SHERIF A A, LIU K R. Cooperation in random access networks: Protocol design and performance analysis[J]. IEEE Journal on Selected Areas in Communications, 2012, 30(9):1694–1702.

[87] LEHMANN E L, CASELLA G. Theory of point estimation[M]. Springer Science & Business Media, 1998.

[88] KAY S M. Fundamentals of statistical signal processing: practical algorithm development[M]. Pearson Education, 2013.

[89] ABDI A, TEPEDELENLIOGLU C, KAVEH M, et al. On the estimation of the K parameter for the rice fading distribution[J]. IEEE Communications Letters, 2001, 5(3):92–94.

[90] BENVENUTO N, PUPOLIN S G, GUIDOTTI G. Performance evaluation of multiple access spread spectrum systems in the presence of interference[J]. IEEE Transactions on Vehicular Technology, 1988, 37(2):73–77.

[91] HAJEK B, KRISHNA A, LAMAIRE R O. On the capture probability for a large number of stations[J]. IEEE Transactions on Communications, 1997, 45(2):254–260.

[92] DISSANAYAKE A, ZAREMBOWITCH A, HOGIE K, et al. TDRSS narrow-band simulator and test system[C]//Proceedings of 2016 IEEE Aerospace Conference. IEEE, Big Sky, MT, 5-12, 2016:1–10.

[93] NOVAK M, ALWAN E, MIRANDA F, et al. Conformal and spectrally agile ultra wideband phased array antenna for communication and sensing[M]. Technical Report GRC-E-DAA-TN26916, NASA Glenn Research Center; Cleveland, OH United States, 2015.

[94] XU M, WANG J, ZHOU N. Computational mission analysis and conceptual system design for super low altitude satellite[J]. Journal of Systems Engineering and Electronics, 2014, 25(1):43–58.

[95] CHAPMAN B. Chinese military space power: US department of defense annual reports[J]. Astropolitics, 2016, 14(1):71–89.

[96] NAWARE V, MERGEN G, TONG L. Stability and delay of finite-user slotted ALOHA with multipacket reception[J]. IEEE Transactions on Information Theory, 2005, 51(7):2636–2656.

[97] LANEMAN J N, TSE D N, WORNELL G W. Cooperative diversity in wireless networks: Efficient protocols and outage behavior[J]. IEEE Transactions on Information Theory, 2004, 50(12):3062–3080.

[98] 李果，孔祥皓，刘凤晶，等. “高分四号”卫星遥感技术创新 [J]. 航天返回与遥感, 2016, 37(4):7–15.

[99] LALBAKHSH P, ZAERI B, FESHARAKI M N. Improving shared awareness and QoS factors in AntNet algorithm using fuzzy reinforcement and traffic sensing[C]//Proceedings of International Conference on Future Computer and Communication (ICFCC'09). Kuala Lumpar, Malaysia, 2009:47–51.

[100] TAMMA B R, BALDO N, MANOJ B, et al. Multi-channel wireless traffic sensing and characterization for cognitive networking[C]//Proceedings of IEEE International Conference on Communications (ICC'09). Dresden, Germany, 2009:1–5.

[101] LIU C H, TRAN J, PAWELCZAK P, et al. Traffic-aware channel sensing order in dynamic spectrum access networks[J]. IEEE Journal on Selected Areas in Communications, 2013, 31(11):2312–2323.

[102] SPENCER J, SUDAN M, XU K. Queueing with future information[J]. SIGMETRICS Perform. Eval. Rev., 2014, 41(3):40–42.

[103] GEORGIADIS L, NEELY M J, TASSIULAS L. Traffic-aware channel sensing order in dynamic spectrum access networks[J]. Foundations and Trends in Networking, 2006, 1(1):1–144.

[104] AKANSU A N, HADDAD R A. Multiresolution signal decomposition: Transforms, subbands, and wavelets[J]. Academic Press, 2001: 682–687.

[105] MALLAT S. A wavelet tour of signal processing[M]. New York: Academic press, 1999.

[106] GOODFELLOW I, BENGIO Y, COURVILLE A. Deep Learning[M]. The MIT Press, 2016.

[107] NEELY M J, URGAONKAR R. Optimal backpressure routing for wireless networks with multi-receiver diversity[J]. Ad Hoc Networks, 2009, 7(5):862–881.

[108] NEELY M J. Energy optimal control for time-varying wireless networks[J]. IEEE Transactions on Information Theory, 2006, 52(7):2915–2934.

[109] HUANG L, MOELLER S, NEELY M J, et al. LIFO-backpressure achieves near-optimal utility-delay tradeoff[J]. IEEE/ACM Transactions on Networking, 2013, 21(3):831–844.

[110] TASSIULAS L, EPHREMIDES A. Stability properties of constrained queueing systems and scheduling policies for maximum throughput in multihop radio networks[J]. IEEE Transactions on Automatic Control, 1992, 37(12):1936–1948.

[111] ILOW J. Forecasting network traffic using FARIMA models with heavy tailed innovations[C]//Proceedings of IEEE International Conference on Acoustics, Speech, and Signal Processing (ICASSP'00). IEEE, Istanbul, Turkey, 2000:3814–3817.

[112] SHU Y, JIN Z, ZHANG L, et al. Traffic prediction using FARIMA models[C]//Proceedings of IEEE International Conference on Communications (ICC'99). IEEE, Vancouver, BC, 1999:891–895.

[113] MA S, JI C. Modeling heterogeneous network traffic in wavelet domain[J]. IEEE/ACM Transactions on Networking, 2001, 9(5):634–649.

[114] SERIES P. Propagation data and prediction methods required for the design of Earth-space telecommunication systems[J]. Technical Report, Recommendation ITU-R, 2015: 618-10.

[115] ITU-R. Radio regulations articles[J]. Technical report, ITU, 2012.

[116] LAGUNAS E, SHARMA S K, MALEKI S, et al. Resource allocation for cognitive satellite communications with incumbent terrestrial networks[J]. IEEE

Transaction on Cognitive Communications and Networking, 2015: 1(3):305–317.

[117] GUIDOLIN F, NEKOVEE M, BADIA L, et al. A cooperative scheduling algorithm for the coexistence of fixed satellite services and 5G cellular network[C]//Proceedings of IEEE International Conference on Communiation (ICC'15). London, UK, 2015:1322–1327.

[118] OSSEIRAN A, BOCCARDI F, BRAUN V, et al. Scenarios for 5G mobile and wireless communications: the vision of the METIS project[J]. IEEE Communication Magazine, 2014, 52(5):26–35.

[119] GUIDOLIN F, NEKOVEE M, BADIA L, et al. A study on the coexistence of fixed satellite service and cellular networks in a mmWave scenario[C]//Proceedings of IEEE International Conference on Communiation (ICC'15). London, UK, 2015:2444–2449.

[120] CORICI M, KAPOVITS A, COVACI S, et al. Assessing satellite-terrestrial integration opportunities in the 5G environment[Z/OL]. https://artes.esa.int/sites/default/files/Whitepaper, 2016.

[121] LV T, GAO H, YANG S. Secrecy transmit beamforming for heterogeneous networks[J]. IEEE Journal on Selected Areas in Communications, 2015, 33(6):1154–1170.

[122] LI B, FEI Z, CHU Z, et al. Secure transmission for heterogeneous cellular networks with wireless information and power transfer[J]. IEEE Systems Journal, 2017, PP(99):1–12.

[123] ARNAU J, CHRISTOPOULOS D, CHATZINOTAS S, et al. Performance of the multibeam satellite return link with correlated rain attenuation[J]. IEEE Transactions on Wireless Communications, 2014, 13(11):6286–6299.

[124] SAYEED A, BRADY J. Beamspace MIMO for high-dimensional multiuser communication at millimeter-wave frequencies[C]//Proceedings of 2013 IEEE Global Communications Conference (GLOBECOM'13). Atlanta, GA, USA, 2013:3679–3684.

[125] RAMADAN Y R, MINN H, IBRAHIM A S. Hybrid analog-digital precoding design for secrecy mmWave MISO-OFDM systems[J]. IEEE Transactions on Communications, 2017, 65(11):5009–5026.

[126] ZHOU Z, FENG W, CHEN Y, et al. Adaptive scheduling for millimeter wave multi-beam satellite communication systems[J]. Journal of Communications and Information Networks, 2016, 1(3):42–55.

[127] NASIR A A, TUAN H D, DUONG T Q, et al. Secrecy rate beamforming for multicell networks with information and energy harvesting[J]. IEEE Transactions on Signal Processing, 2017, 65(3):677–689.

[128] ZHOU F, LI Z, CHENG J, et al. Robust AN-aided beamforming and power splitting design for secure MISO cognitive radio with SWIPT[J]. IEEE Transactions on Wireless Communications, 2017, 16(4):2450–2464.

[129] LEUNG-YAN-CHEONG S, HELLMAN M E. The Gaussian wire-tap channel[J]. IEEE Transactions on Information Theory, 1978, 24(4):451–456.

[130] WANG L, WONG K K, HEATH R W, et al. Wireless powered dense cellular networks: How many small cells do we need?[J]. IEEE Journal on Selected Areas in Communications, 2017, 35(9):2010–2024.

[131] LI J, WANG D, ZHU P, et al. Downlink spectral efficiency of distributed massive MIMO systems with linear beamforming under pilot contamination[J]. IEEE Transactions on Vehicular Technology, 2017(99):1.

[132] ABEYWICKRAMA S, SAMARASINGHE T, HO C K, et al. Wireless energy beamforming using received signal strength indicator feedback[J]. IEEE Transactions on Signal Processing, 2018, 66(1):224–235.

[133] ZHANG H, XING H, CHENG J, et al. Secure resource allocation for OFDMA two-way relay wireless sensor networks without and with cooperative jamming[J]. IEEE Transactions on Industrial Informatics, 2016, 12(5):1714–1725.

[134] ZHENG T X, WANG H M, YUAN J, et al. Physical layer security in wireless Ad Hoc networks under a hybrid full-/half-duplex receiver deployment strategy[J]. IEEE Transactions on Wireless Communications, 2017, 16(6):3827–3839.

[135] FEI Z, LI B, YANG S, et al. A survey of multi-objective optimization in wireless sensor networks: Metrics, algorithms, and open problems[J]. IEEE Communications Surveys & Tutorials, 2017, 19(1):550–586.

[136] WANG F, XU C, HUANG Y, et al. REEL-BF design: Achieving the SDP bound for downlink beamforming with arbitrary shaping constraints[J]. IEEE Transactions on Signal Processing, 2017, 65(10):2672–2685.

[137] ZHU F, YAO M. Improving physical-layer security for CRNs using SINR-based cooperative beamforming[J]. IEEE Transactions on Vehicular Technology, 2016, 65(3):1835–1841.

[138] BERGH F, ENGELBRECHT A P. A cooperative approach to particle swarm optimization[J]. IEEE Transactions on Evolutionary Computation, 2004, 8(3):225–239.

[139] DONG Y, QIU L, LIANG X. Energy efficiency maximization for uplink SCMA system using CCPSO[C]//Proceedings of IEEE Global Communications Conference Workshops (GLOBECOM Wkshps 2016). Washington, DC, USA, 2016:1–5.

[140] JAVAN M R, MOKARI N, ALAVI F, et al. Resource allocation in decode-and-forward cooperative communication networks with limited rate feedback channel[J]. IEEE Transactions on Vehicular Technology, 2017, 66(1):256–267.

[141] MODIRI A, GU X, HAGAN A M, et al. Radiotherapy planning using an improved search strategy in particle swarm optimization[J]. IEEE Transactions on Biomedical Engineering, 2017, 64(5):980–989.

[142] KNIEVEL C, NOEMM M, HOEHER P A. Low-complexity receiver for large-MIMO space-time coded systems[C]//Proceedings of IEEE Vehicular Technology Conference (VTC Fall). San Francisco, CA, USA, 2011:1–5.

[143] LAGUNAS E, MALEKI S, LEI L, et al. Carrier allocation for hybrid satellite-terrestrial backhaul networks[C]//Proceedings of IEEE International Conference on Communications Workshop (ICC Wkshps 2017) on Satellite Communications: Challenges and Integration in the 5G ecosystem, 2017:1–6.

[144] SHARMA S K, CHATZINOTAS S, GROTZ J, et al. 3D beamforming for spectral coexistence of satellite and terrestrial networks[C]//Proceedings of 82nd IEEE Vehicular Technology Conference (VTC Fall 2015). Boston, MA, USA, 2015:1–5.

[145] HONG Y, SRINIVASAN A, CHENG B, et al. Optimal power allocation for multiple beam satellite systems[C]//Proceedings of IEEE Radio and Wireless Symposium. Orlando, FL, USA, 2008:823–826.

[146] LEI J, HAN Z, VÁZQUEZ-CASTRO M, et al. Multibeam SATCOM systems design with physical layer security[C]//Proceedings of IEEE International Conference on Ultra-Wideband (ICUWB'11). Bologna, Italy, 2011:555–559.

[147] DU J, JIANG C, GUO Q, et al. Cooperative earth observation through complex space information networks[J]. IEEE Wireless Communications, 2016, 23(2):136–144.

[148] SICHANI O A, JALILI M. Inference of hidden social power through opinion formation in complex networks[J]. IEEE Transactions on Network Science and Engineering, 2017, 4(3):154–164.

[149] GHAHRAMANI S A A G, HEMMATYAR A M A, KAVOUSI K. A network model for vehicular Ad Hoc networks: An introduction to obligatory attachment rule[J]. IEEE Transactions on Network Science and Engineering, 2016, 3(2):82–94.

[150] QIU T, LIU X, LI K, et al. Community-aware data propagation with small world feature for internet of vehicles[J]. IEEE Communications Magazine, 2018, 56(1):86–91.

[151] MEYER F, ETZLINGER B, LIU Z, et al. A scalable algorithm for network localization and synchronization[J]. IEEE Internet of Things Journal, 2018, PP(99):1.

[152] ZHOU D, SHENG M, WANG X, et al. Mission aware contact plan design in resource-limited small satellite networks[J]. IEEE Transactions on Communications, 2017, 65(6):2451–2466.

[153] WERNER M, DELUCCHI C, VÖGEL H J, et al. ATM-based routing in LEO/MEO satellite networks with intersatellite links[J]. IEEE Journal on Selected Areas in Communications, 1997, 15(1):69–82.

[154] CASTEIGTS A, FLOCCHINI P, QUATTROCIOCCHI W, et al. Time-varying graphs and dynamic networks[J]. International Journal of Parallel, Emergent and Distributed Systems, 2012, 27(5):387–408.

[155] WHITBECK J, AMORIM M, CONAN V, et al. Temporal reachability graphs[C]//Proceedings of 18th annual international conference on Mobile computing and networking. ACM, Istanbul, Turksy, 2012:377–388.

[156] BOCCALETTI S, LATORA V, MORENO Y, et al. Complex networks: Structure and dynamics[J]. Physics reports, 2006, 424(4):175–308.

[157] WASSERMAN S, FAUST K. Social Networks Analysis[M]. Cambridge, UK: Cambridge niversity Press, 1994.

[158] HARARY F. Graph Theory[M]. Cambridge, MA: Perseus, 1995.

[159] BARNES J, WESLEY E. Machine learning for space communications service management tasks[C]//Proceedings of IEEE Cognitive Communications for Aerospace Applications Workshop (CCAA'17). Wailea, HI, USA, 2017:1–9.

[160] RICHARD S, JAY M. Automatic satellite telemetry analysis for SSA using artificial intelligence techniques[C]//Proceedings of Advanced Maui Optical

and Space Surveillance Technologies Conference (AMOS'17). Cleveland, OH, USA, 2017:1–4.

[161] GUO Q, WANG X. Spatial-response matched filter and its application in radiometric accuracy improvement of FY-2 satellite thermal infrared band[J]. IEEE Transactions on Geoscience & Remote Sensing, 2015, 53(5):2397–2408.

[162] YADAV R. Challenges and evolution of next generations wireless communication[C]//Proceedings of International MultiConference of Engineers and Computer Scientists. HongKong, China, 2017:1–5.

在学期间发表的学术论文与研究成果

发表的学术论文

[1] **Du J**, Jiang C X, Han, Z, Zhang H J, Mumtaz S, Ren Y. Contract mechanism and performance analysis for data transaction in mobile social networks[J]. IEEE Transactions on Network Science and Engineering, 2019, 6: 103-115. (SCI 收录，IF 2020: 5.213，检索号: IC5HF)

[2] **Du J**, Jiang C X, Zhang H J, Wang X D, Debbah M, Ren Y. Secure satellite-terrestrial transmission over incumbent terrestrial networks via cooperative beamforming[J]. IEEE Journal on Selected Areas in Communications, 2018, 36: 1367-1382. (SCI 收录，IF 2020: 11.42，检索号: GX8NU)

[3] **Du J**, Jiang C X, Chen K C, Ren Y, Poor H V. Community-structured evolutionary game for privacy protection in social networks[J]. IEEE Transactions on Information Forensics and Security, 2018, 13: 574-589. (SCI 收录，IF 2020: 6.013，检索号: FR0AJ)

[4] **Du J**, Gelenbe E, Jiang C X, Zhang H J, Ren Y. Contract design for traffic offloading and resource allocation in heterogeneous ultra-dense networks[J]. IEEE Journal on Selected Areas in Communications, 2017, 35: 2457-2467. (SCI 收录，IF 2020: 11.42，检索号: FP0ZJ)

[5] **Du J**, Jiang C X, Wang J, Yu S, Han Z, Ren Y. Resource allocation in space multiaccess systems[J]. IEEE Transactions on Aerospace and Electronic Systems, 2017, 53: 598-618. (SCI 收录，IF 2020: 3.672，检索号: EU3CH)

[6] **Du J**, Jiang C X, Guo Q, Guizani M, Ren Y. Cooperative earth observation through complex space information networks[J]. IEEE Wireless Communications Magazine, 2016, 23: 136-144. (SCI 收录，IF 2020: 11.391，检索号: DL0CH)

[7] **Du J**, Jiang C X, Qian Y, Han Z, Ren Y. Resource allocation with video traffic prediction in cloud-based space systems[J]. IEEE Transactions on Multimedia,

2016, 18: 820-830. (SCI 收录，IF 2020: 6.051，检索号: DK5YD)

[8] **Du J**, Gelenbe E, Jiang C X, Han Z, Ren Y, Guizani M. Cognitive data allocation for auction-based data transaction in mobile networks[C]//Proceedings of 14th IEEE/ACM International Wireless Communications and Mobile Computing Conference (IWCMC'18), 2018. (EI 收录，检索号: 20184005882010)

[9] **Du J**, Jiang C X, Gelenbe E, Han Z, Ren Y, Guizani M. Networked data transaction in mobile networks: A prediction-based approach using auction[C]//Proceedings of 14th IEEE/ACM International Wireless Communications and Mobile Computing Conference (IWCMC'18), 2018. (EI 收录，检索号: 2018400 5881846)

[10] **Du J**, Gelenbe E, Jiang C X, Han Z, Ren Y. Data transaction modeling in mobile networks: Contract mechanism and performance analysis[C]//Proceedings of IEEE Global Communications Conference (GLOBECOM'17), Singapore, 2017. (EI 收录，检索号: 20181905152367)

[11] **Du J**, Jiang C X, Yu S, Chen K C, Ren Y. Privacy protection: A community-structured evolutionary game approach[C]//Proceedings of IEEE Global Conference on Signal and Information Processing (GlobalSIP'16), Washington, DC, USA, 2016. (EI 收录，检索号: 20172003679334)

[12] **Du J**, Jiang C X, Yu S, Ren Y. Trustable service rating in social networks: A peer prediction method[C]//Proceedings of IEEE Global Conference on Signal and Information Processing (GlobalSIP'16), Washington, DC, USA, 2016. (EI 收录，检索号: 20172003679466)

[13] **Du J**, Jiang C X, Qian Y, Z Han, Ren Y. Traffic prediction based resource configuration in space-based systems[C]//Proceedings of IEEE International Communication Conference (ICC'16), Kuala Lumpur, Malaysia, 2016. (EI 收录，检索号: 20163302714904)

[14] **Du J**, Jiang C X, Yu S, Ren Y. Time cumulative complexity modeling and analysis for space-based networks[C]//Proceedings of IEEE International Communication Conference (ICC'16), Kuala Lumpur, Malaysia, 2016. (EI 收录，检索号: 20163302714965)

[15] **Du J**, Jiang C X, Wang J, Yu S, Ren Y. Stability analysis and resource allocation for space-based multi-access systems.[C]//Proceedings of IEEE Global Communications Conference (GLOBECOM'15), San Diego, CA, USA, 2015. (Best Paper Award Candidate) (EI 收录，检索号: 20161902354482)

[16] **Du J**, Jiang C X, Wang X X, Guo Q, Wang X, Zhu X X, Ren Y. Detection and transmission resource configuration for space-based information

network[C]//Proceedings of IEEE Global Conference on Signal and Information Processing (GlobalSIP'14), Atlanta, GA, USA, 2014. (EI 收录，检索号: 20152801016174)

[17] Luo F, Jiang C X, **Du J**, Yuan J, Ren Y, Yu S, Guizani M. A distributed gateway selected algorithm for UAV networks[J]. IEEE Transactions on Emerging Topics in Computing, 2014, 3: 22-33. (SCI 收录，IF 2017: 3.826，检索号: 20151200651914)

[18] Li C, Zhao P S, **Du J**, Jiang C X, Ren Y. Wireless link analysis of cardiovascular stent as antenna for biotelemetry[C]//Proceedings of IEEE Global Conference on Signal and Information Processing (GlobalSIP'15), Orlando, FL, USA, 2015. (Best Student Paper Award) (EI 收录，检索号: 20151200651914)

[19] Wang X X, **Du J**, Wang J J, Zhang Z Q, Jiang C X, Ren Y. Key issues of security in space-based information network review[C]//Proceedings of IEEE International Conference on Cyberspace Technology (CCT'14), 2014. (EI 收录，检索号: 20151900823807)

研 究 成 果

[1] 任勇，**杜军**，姜春晓，王景璟，郭强，王新. 空间信息网络中时隙的配置方法和装置：201710006651.5[P].

[2] 任勇，**杜军**，姜春晓，王景璟，郭强，王新. 空间信息网络中带宽资源的配置方法和装置：CN201710006609.3[P].

[3] 任勇，**杜军**，姜春晓，王景璟，郭强，王新. 空间信息网络中卫星资源的分配方法和装置：CN201710008280.4[P].

致　谢

时光荏苒，转眼我已在清华园学习生活了七年。七年光阴，我的每一点进步和成绩，都离不开导师任勇教授的悉心培养和教育。任老师教导我为人处世的道理，也教会我科研、学术以及思考的方法，这些都将让我终身受益。在科研上，任老师不断指引我参与项目从调研、立项、实施、结题的整个过程，对我的能力培养起到了无可替代的作用；在学术上，我的博士课题从选题、开题，到研究过程，直至最终定稿，任老师为我每一阶段的工作严格把关、耐心指导，倾注了大量心血和汗水，带领我不断成长和进步，在此致以最诚挚的谢意！依然记得十年前本科旁听任老师开设的《信号与系统》课程时，任老师教导我们“恒审思量、不可断灭”，这句话一直并将继续引导我在学术、科研上不断坚持，不敢懈怠。

在英国帝国理工学院（Imperial College London）电气与电子工程系进行一年的访问期间，承蒙 Erol Gelenbe 教授对我学术的悉心指导和帮助，教导我严谨的治学态度和锲而不舍的治学精神，让我在短短一年时间里，学术科研水平得到提升，在此深表谢意！

感谢姜春晓师兄与徐蕾师姐对我的无私帮助，特别是在我学术研究、论文撰写方面给予我的悉心热忱指导，用心指导我的每一篇论文，提出中肯的修改意见，帮助我提高论文质量，在此不胜感激！

感谢复杂系统工程实验室山秀明教授、袁坚教授以及实验室其他老师在我硕士和博士期间对我科研和学术上的帮助和指导！

独学而无友，则孤陋而寡闻。感谢实验室各位同学，罗锋、孙若曦、张泽琦、孟越、王景璟、段瑞洋、张鑫等同学，在项目、科研上的支持和帮助，共同营造了积极向上的学习氛围！同时，感谢帝国理工学院智能网络与系统实验室的李逍洋、郭原成、殷勇华等同学对我在英国学习、生活期间的热心帮助和照顾。

最后感谢含辛茹苦培养教育我的父母，是你们的陪伴和对我无微不至的关怀照顾，让我快乐无忧地成长、心无旁骛地专心科研和学术，是你们对我无限的爱和包容理解，带给我力量，让我勇敢地面对所有坎坷和挫折，在人生的道路上愈加坚强！谁言寸草心，报得三春晖！

本课题承蒙国家自然科学基金（项目编号：91338203，61271267）以及国家“863”计划（项目编号：2015AA015701）的资助，特此致谢！